# 入門
# データベース

Database Primer

植村俊亮［著］

Ohmsha

# まえがき

本書はデータベースの入門書です．データベースの考え方が登場してからの50年ほどの間に，さまざまな研究開発がなされてきましたが，そのなかで一番基本的で大切と考えられるものを，丁寧にわかりやすく，かつ正確に解説することを目指しました．理系・文系を問わず，大学生から高校生まで，データベースに興味を持つ人，データベースを作ってみたい人のために書きました．社会人専門家の知識確認の書でもあることも願っています．

大量の信頼できる情報を効率よくコンピュータに収集保存して，多彩な要求に応えて効率よく供給できるように整備したものをデータベースといいます．データベースは色も形もありませんが，世界を動かす大切な資源です．コンピュータを使ってなにか仕事を始めようとする人は，まず最初に「データベースを作ろう」と考えるといいます．データベース技術は，オペレーティングシステムと並ぶコンピュータの基盤技術の一つです．

筆者がデータベースということばに初めて接したころは，データベースの議論をする学会などがあると，まず「私の考えるデータベースは，かくかくしかじか……」と説明することから始めなければなりませんでした．関係（リレーショナル）モデルが登場して広く受け入れられると，「私の考えるデータベースは，関係モデルに沿っています」というだけで，話が通じるようになりました．今でも関係モデルはその地位を保っているので，本書の前半は，関係モデルが中心です．そこで，関係表の基本的な考え方，作り方，代数，正規形などの話題を中心に進めます．後半は，データベースシステムの内部にある索引の技術，トランザクションの同時実行制御，安全で停止しないデータベース技術などを取り上げました．

社会の情報化はますます進み，現代人が「データを集めたがる」一方で，脆弱なデジタル情報が一瞬のうちに雲散霧消する暗黒時代の到来を警告する声もあります．しかし，そもそもデジタル情報というものが脆弱な性質をもったものではないでしょうか．石に文字を刻んだ古代エジプト人は，保存用のコピーを作るなんてことを考えたでしょうか．「永続する文化」とまではいわずとも，持続可能な文化を実現する基盤技術として，持続可能なデータベース技術の確立が期待されています．わたしたちは社会や文化を可能な限り長く，のちのちの世代に引き継いでいきたいものです．本書があなたの役に立つことを祈っています．

本をまとめるに当たって，長年講義に使ってきた大量のパワーポイントを利用しました．一緒に勉強し，討論した皆さんに改めてお礼を申し上げます．オーム社の皆様には，今回もいつものようにお世話になりました．書籍編集局の皆様，ありがとうございました．

筆がなかなか進まなくて苦渋する筆者を辛抱強く支えてくれた妻の真利子に心から感謝します．

2018年10月

植村俊亮

# 目　次

## 第7章 安全なデータベース

# 第1章 データベースとは

**コンピュータ上に大量の信頼できる情報を収集，整理し，多彩な要求に応えて効率よく供給できるように整備したものをデータベースという．データベースは無体の財産である．**

## 1.1 無体の財産

情報には色も形も重さもないが，ひとたびデジタル化されコンピュータに格納されると，貴重な資源あるいは財産になる．内容を理解していなくても，同じ内容で同じ品質のものを複製することができるし，さまざまに加工して実世界に存在しない情報を創造することさえできる．活用すれば，世界を揺り動かす力がある．そうかと思うと，突然品質が劣化したり，消滅したりする．

## 1.2 データベースとは

コンピュータは，そんな奇妙な性質をもつ**デジタル情報**を格納し，処理する装置である．コンピュータ上に大量の信頼できる情報を収集整理し，効率よく多目的に共同利用できるように構成したものを**データベース**という．持続する（permanent）データベースであるとか，持続するオブジェクトであるなどといわれるように，操作するコンピュータの電源を消しても，内容は消滅しないシステムとして実装される．

データベースのライフサイクルを指すCRUDという頭字語がある．利用者はデータベースを設計してコンピュータの外部記憶装置上に作成（create）し，情報を必要とする利用者が誰でもいつでも目的に応じて活用（read）でき，あるいは内容を更新（update）していき，必要がなくなると消去（delete）することができるように実装する．ここでいう更新とは，内容を変更するという意味である．これを効率よく実現するのがデータベースシステムの役目である．その全体を**データベースシステム**，情報そのものの部分を**データベース**，実現するためのソフトウェアを**データベース管理システム（DBMS）**と呼ぶ．データベースシステムとそれを構築，運用し，利用する人をまとめて，本書では**データベース環境**（database environment）と呼ぶことにする．

パソコンを入手した人は真っ先に「そうだ，データベースを作ろう」と考えるという．コンピュータは今やわたしたちの生活に不可欠な一部分になっているが，その歴史が始まった1940年代から今日に至るまで，基本方式はほとんど変わっていない．古典的な言い回しをすると，コンピュータの応用分野は，数値計算と非数値処理とに大別できる．データベースは非数値処理の代表的な例である．大量の情報を収集し要求に応じて提供することは，不揮発性の記憶装置の発明なくしては考えられない．**不揮発性記憶**については6章，7章でも扱うが，簡単にいうとハードディスクのように電源を失っても内容は消滅しない記憶のことである．1951年ごろ，磁気テープ装置で初めてそれが実現し，1956年にはIBM社の巨大な磁気ディスク装置RAMACが登場した．オックスフォード英語辞典（OED）によると，データベースという用語は1962年にアメリカのシンクタンクSDC社の資料に初めて現れ，1964年には「コンピュータを中心とするデータベースの開発と管理……」といったシンポジウムも開催されている．おそらくこうしたハードウェアの革新があって，データベースのイメージが鮮明になってきたのであろう．baseとは，基地のことで，**data base**は「どんなデータでもただちに供給できるデータの補給基地」であるともいわれているが，はっきりした語源説はない．英語のつづりでもdata baseはやがてdata-baseになり，今では**database**という一語として定着している．

事務処理用のプログラム言語COBOLを開発したCODASYLという組織は1969年と1971年に「データベース作業班報告書」を公刊している．それまでの

COBOL プログラムでは，自分が処理する全てのデータをプログラム中に宣言しなければならなかったが，この制約を取り払い，データをほかのプログラムと共有したいという発想の言語仕様書であった．これは**ネットワーク型データベース**として，JIS 規格データベース言語 **NDL** にもなったが，やがて消滅した．データベースに関する最初の本格的なモデル論である**エドガー・F・コッド**（Edger F. Codd）の**関係モデル**の論文はアメリカ計算機学会論文誌の「情報検索」分野に 1970 年に掲載されたが，題名を“*A relational model of data for large shared data banks*”［Codd, 1970］といい，そこにはデータベースという用語はまだ使われていない（論文のキーワードの中にだけ含まれている）．関係モデルは，データベースのデータを理解するモデルの基礎として，今も無比の存在である．本書も前半部分は関係モデルを詳しく扱っている．関係モデルの提案に端を発したデータベース言語 **SQL**（以下，SQL 言語）も JIS 規格になり，こちらは現在でも広く使われている．

最初のうちは，コンピュータの大型化の流れとともに，データベースも大きなコンピュータに集中管理するという考え方が主流であった．コンピュータが高速になり，記憶装置の容量が巨大になることに歩調を合わせて進展を続け，データベース環境も肥大化を続けた．その結果，一つの大組織に一つのデータベースといわれた時期さえあった．やがて，コンピュータは小型化，個人化と，大型化，集中型の二つの方向に 2 分された．データベースはどちらにもあったが，個人用のいわゆるパーソナルコンピュータ上のデータベースは，データの整理，多目的利用が中心課題であり，大型計算機の世界では，どちらかといえば共同利用が中心であった．世界中のコンピュータがネットワークで相互に接続できる環境を迎えると，データベースはネットワークの彼方に散在し，利用者は手元にはなにも持たずとも，必要に応じてネットワークの彼方からそれを呼び出して利用するという考え方が流行した．データベースもそれにともない，誰かが苦労して整理作成するのではなくて，情報が発生した瞬間にそれを捕捉し，あとで活用していくという考え方が生まれた．しかし，ネットワークの彼方にあるビッグデータは，ある日，突然消えてしまうという危険を孕んでいることに注意しなければならない．本当に必要なデータは，自己責任で管理するに越したことはない．

コンピュータは小さくなるにつれて，より個人的な持ち物になり，ネットワーク接続が盛んになった現在でも，データベース環境は生き続けている．パソコンに個人用のデータベース環境を構築している人も多い．

## 1.3　表，ファイル，そしてデータベース

情報技術の大きな流れの一つは，**抽象**（abstraction）である．データベースの世界にもそれが脈々と流れている．**ドナルド・クヌース**（D. Knuth）は，「*N* 個の**レコード**のなかから必要なレコードを見つけ出す問題を考える．全てのレコードの集まりを表またはファイルという．ふつう小さいファイルを表といい，大きい表をファイルという．大きいファイルや1群のファイルをしばしばデータベースという」［Knuth, 1973］と冗談っぽく看破している．一般的にいえば，1枚の伝票，1枚の図書カードなどを**レコード**といい，そうしたものを閉じた冊子のようなものを**ファイル**という．情報技術者なら，レコードというとコンピュータの入出力のひとまとまりの単位などを思い浮かべて，「論理レコードですか，物理レコードですか」などというに違いない．ファイルとなると，それがコンピュータ上にどう実装されているかといった物理的な側面を切り離しては考えられない．そうした情報技術的な側面を捨象してしまえば，レコードの小さい集まりは**表**，それなりの集まりは**ファイル**，大きいファイルや，かならずしも大きくなくてもさまざまなファイルが集まったものは**データベース**であると，捉えることができるだろう．クヌースの文章は，データベースの関係モデルが注目を浴び始めたころに書かれたものであるが，情報技術における抽象という流れにもよく合っている（なお，章末のデータベースカフェも参照されたい）．

本書も，ファイルのモデルは関係モデルでいう関係表であり，データベースは表の集まりであると考えて議論を進める．複数の表が互いに結びついている場合には，その結びつきの情報はかならず目に見える値として，表の中に記述する．

現在では，「インターネットの検索」といった文脈で，検索という言葉もごく自然に使われるようになっている．**情報検索**（information retrieval）は，必要な情報をコンピュータを使って探し出す技術であり，データベースの近接技術とい

える．コンピュータを図書館業務や文献の探索に応用するという面では，むしろこちらのほうが早くから文献検索などで研究開発されてきた．その特長は，キーワードによる検索に非常に細かい工夫があることや，データがもつ構造自体はあまり重要ではないこと，全体としてデータを整理蓄積する専門家のグループと検索する利用者とがはっきり分かれていること，であった．最近では，インターネットが普及して，データを作る人と使う人の区分は昔ほどにははっきりしなくなっている．データベース技術では，データベースの内容が時々刻々と変動することを想定して，その変動を吸収できる構造を探求している．そして，データベースを作る人と使う人との区分はそれほどはっきりと区別されていない．

## 1.4　データベースシステムの構造

情報システムの大まかな枠組みを**層**（レイヤ）に分けて整理することがよくある．目的は，全体をわかりやすい要素に分解し，互いの結びつきを明らかにすることである．うまくできれば，それぞれの層をなるべく独立した作業分担にして，能率よく作業を進めることができるようになる．ある層だけを別のものに置き換えても，ほかの層に影響を及ぼさないということも期待できる．

**図 1.1**，**図 1.2** はアメリカ規格協会（昔は ASA といい，名称変更を繰り返して現在は ANSI という）の標準化計画委員会が，データベースの標準化に当たって考案した層構造図で，データベース分野の先駆者の一人である**チャールズ・バックマン**（C. Bachman）の発案によるといわれている［ANSI/SPARC, 1975］．バックマンはこうした整理の名人で，図 1.2 の **3 層スキーマ**の提案をまとめた研究者であり，ネットワークではおなじみの OSI の 7 層のプロトコルの概念も彼の開発によるといわれている．

図 1.1 で，**論議領域**（universe of discourse）とは，データベースの対象世界を指す．**概念層**はデータベースの論理構造を担当する．論理構造を整理する作業を**論理設計**，論理設計の結果を整理してまとめたものを**概念スキーマ**という．概念スキーマは，コンピュータの技術面にはなにも触れずに，データの構造を明確に説明したものであると考えられる．論理設計の担当者は，データベース管理者と

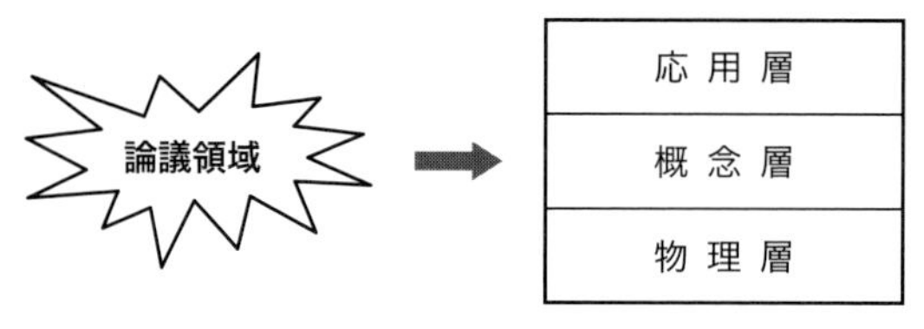


図 1.1　データベース環境のアーキテクチャ

| 外部スキーマ |
| --- |
| 概念スキーマ |
| 内部スキーマ |

図 1.2　3 層スキーマ構成

も呼ばれる専門家から，身の回りの情報を整理したい個人まで広い範囲にわたる．彼らがコンピュータの専門家である必要はないが，データベースが表現するデータ世界（論議領域）の専門家でなければならない．もちろんそれがシステムごとに一人とは限らない．関係データベースでいう**関係スキーマ**（**2.3**）は，概念スキーマの一つである．

**物理層**は，論理設計の結果をコンピュータシステム上に実装する技術を担当する．これを**物理設計**といい，物理設計の結果をまとめたものを**内部スキーマ**という．以前は論理設計と物理設計とを一体化して進めていたが，コンピュータの性能の進歩に伴い，両者ははっきりと分けて考えられるようになった．内部スキーマは，コンピュータソフトウェアの集まりと考えられる．物理設計の担当者は，コンピュータの専門家で，内部スキーマというのは，プログラムのようなものと考えてよい．

データベース全体の設計が終わると，具体的な応用と，利用者の存在を考慮したデータベースの部分設計も必要である．これを**応用層**といい，**応用設計**の結果をまとめたものを**外部スキーマ**という．外部スキーマは，データベースを具体的に利用する個々の利用者が，（必要なら）データベース管理者と相談して，個別の応用に適したデータベースの部分を，その応用に適した形で整理したものである．利用者は，概念スキーマ全体ではなくて，その一部分を興味の対象とするだろう．その利用者にデータベース全体を開放してしまうと，さまざまな障害が発生することが予測される．また外部スキーマは，利用者が直接使うものであるから，わかりやすく，使いやすいように，工夫をこらす必要がある．一つのデータベースを複数の異なるシステムで，それぞれの外部スキーマを通して利用すると

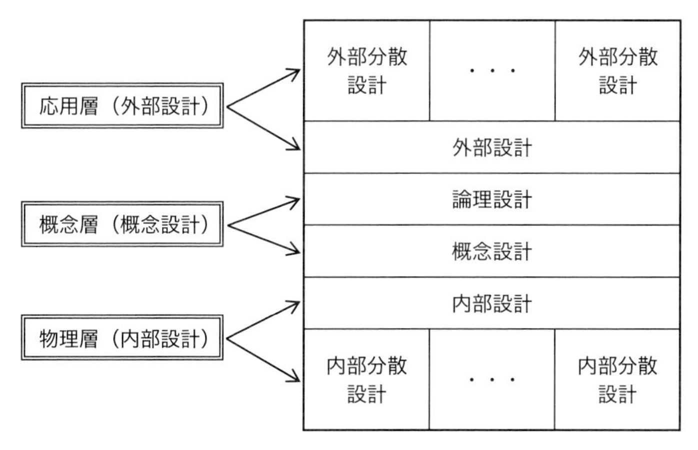


図 1.3 階層を分化した層構造の例

いう形態もありうる．

もちろん，構成部分（層）をもっと詳細に分割したほうがいいという考え方もある．**図 1.3** はそうした例の一つで，概念層における概念設計を，概念設計と**論理設計**に分けるほか，データベースは複数のコンピュータに分散格納され，多種多様な利用者がネットワークの彼方にいることを示している．しかし，基本的には図 1.3 は図 1.1 から派生したものである．

個々の利用者といっても，さらに作る人と使う人とに分かれる．インターネットによる情報検索型のシステムは，情報サービスを提供する側とそのサービスを使う側とがかなりはっきり分かれており，検索用に準備された情報の内容を，使う側が変更することはあまりない．座席予約システムでは，たくさんの利用者が予約状況を管理するデータベースをどんどん書き換えていくが，データベースの構造までは変更しない．こうしたシステムをとくに**トランザクション**（transaction）**システム**と呼ぶこともある．本書でおもに扱うような，会社や学校などの組織体の中のデータベース，あるいは個人的なデータベースでは，作る人と使う人とが混然一体化しており，そのようなところでは，データベースの内容は時々刻々と変化していく．

データベースを利用する人を**エンド（末端）ユーザ**とも呼ぶ．末端というのは，コンピュータネットワークのどこか端のほうでデータベースに接続している利用者という意味であって，情報技術の専門家も，そうでない人も含まれる．ネットワーク万能の時代には，全ての利用者がエンドユーザで，全体の管理者などはいないという平坦なシステムも考えられたが，なんらかの管理者を想定するほうが無難であろう．データベースでは，そのような管理者を**データベース管理者**（database administrator）あるいは**データ管理者**（data administrator）と呼ぶ．

# データベースカフェ

この辺で，カフェで一休みしましょう．問題の解答はまとめて巻末にあります．

なお，情報処理技術者試験の過去の問題を編集して出題していることがありますが，それぞれの問題に明記しました．

**問 1.1** 次の文の［　　］を適当な単語で埋めよ．

「$N$個のレコードの中から必要なレコードを見つけ出す問題を考える．全てのレコードの集まりを表または［　　］という．ふつう小さい［　　］を表といい，大きい表を［　　］という．大きい［　　］や1群の［　　］をしばしばデータベースという．」［Knuth, 1973］

**問 1.2** 前問の「大きい［　　］や1群の［　　］をしばしばデータベースという」という文章にある問題点を指摘せよ．

**問 1.3** ANSI/SPARC の3層スキーマについて，概念スキーマ，内部スキーマ，外部スキーマの説明はそれぞれどれか．

(1)　データベースが対象とするデータの世界（論議領域）を整理して，コンピュータの技術面にはなにもふれずに，データの論理的な構造だけをまとめたものをいう．これを作ることを論理設計という．

(2)　具体的な応用とその利用者とを考慮したデータベースの一部分の記述をいう．

(3)　論理設計の結果をコンピュータシステム上に実装するソフトウェアの集まりをいう．これを作ることを物理設計という．

(4)　おもに情報技術の専門家が担当する．

(5)　おもにデータベース管理者が担当する．

(6)　おもにデータベースの利用者が使う．

さまざまな用語が登場したが，次の章では，関係モデルでいう表とはどのようなものなのか，具体的に取り上げていく．

# 第2章 関係表とは

**デー夕ベースにおける関係表とはどのようなものか，実例を交えて説明する．ものやつながりに関する情報を全て関係表で表現するモデルを導入する．**

## 2.1 ウェブページの関係表

関係モデルでは，データベースは**関係表**の集まりであるといわれている．インターネットで情報検索という言葉がよく使われるが，ここではまず，わが国の作家に関するウェブページのデータベースについて考えてみよう．利用者は，作家の名前を手がかりとして，その作家の情報が載っているウェブページを検索したいとする．検索するために，ウェブページと作家名との対応を以下に関係表を使ってまとめていく．

利用者が指定する可能性のある作家の名前の集合を作家名とする．**集合**とは，**ものやつながり**の集まりであって，集まりの仲間になるかどうかがはっきりしているものをいう．その作家名集合を

作家名 {鴎外, 漱石, 啄木, 子規, 一葉, …}

と書く．作家名は，集合の名前である．波括弧 { } の中に並んでいる個々の作家名を，作家名集合の**要素**あるいは**元**（けん）という．要素の並びの終わりに，…と省略記号を使っているが，省略記号は意味が明確な場合にだけ使う．このように集合の要素を示すときは，要素が並ぶ順番には意味がなく，それが集合の要素であることだけを示している．したがって，

{鴎外, 漱石}

と

{漱石, 鴎外}

とは同じ集合である．作家名といっても，これは今データベースで対象としている作家の名前であり，実際にはほかにもたくさんの作家名が存在する．そうした全作家名の集合から，今回のデータベースで対象とする要素だけを選び出したのが作家名集合である．

URL集合は，

URL $\{URL_1, URL_2, URL_3, URL_4, URL_5, \cdots\}$

などと書く．URLは作家名が含まれたウェブページの番地（Universal resource locator）の集合，$URL_n$ はその集合の要素である．$URL_n$ は，例えば https://www.dbworld.jp のような番地であるが，ここでは簡単に $URL_n$ と略記する．

集合は**表**にするとわかりやすい．表の縦方向を列，横方向を行と呼ぶ．**図 2.1**，**図 2.2** は，それぞれ1列の表であり，表の中央上に関係表の名前（**表名**）がある．表名は省略することも多い．表の1行目には列の名前（**列名**）がある．列名は，情報技術でいう**変数名**，**フィールド名**，**属性**（attribute）などに相当する．ここではもとになった集合名をそのまま使っている．表の2行目以降は，集合の要素である．この単純な表は1列だけなので，1行に値が一つずつある．列は，表のもとになった集合の要素の集まりである．

表にすると，要素がなにかの順番に並んでいるように見えるが，集合の表現の一つにすぎないのであって，要素（行）がどんな順番で並んでいるかを示しているわけではない．また，データベース中で要素がこの順番に並んでいることを表示しているわけでもない．

## 2.2　正規形の関係表

URL集合と作家名集合との間のつながりを考えてみよう．

$URL_1$ ページは，鴎外について書いてある

$URL_2$ ページは，漱石について書いてある

作家名表

| 作家名 |
|---|
| 鴎外 |
| 漱石 |
| 啄木 |
| 子規 |
| 一葉 |
| … |

図 2.1　作家名の表

URL 表

| URL |
|---|
| $URL_1$ |
| $URL_2$ |
| $URL_3$ |
| $URL_4$ |
| $URL_5$ |
| … |

図 2.2　URL の表

$URL_3$ ページは，鴎外，漱石，一葉について書いてある
$URL_4$ ページは，子規，漱石について書いてある
⋮

とする．対応表は**図 2.3** のように書くことができる．図 2.3 は 2 列の表であり，先頭行にある列名を見ると，列の内容がわかる．つまり，一つの表の中に，同じ列が複数現れてはならない（別の表であれば，現れてもよい）．

列名には二つの役割がある．

(1) 列の見出しとして，その列に現れる値全体の意味を示す．
(2) 表の中のどの列であるかを一意に示す．$n$ 列の表でも，列名はどの列であるかを識別する名前になる．

図 2.3 を見ると，ウェブページにどんな作家の情報が含まれているかがわかる．しかしこのままでは，作家名の列には 1 行に複数の作家名が現れてややこしいので，どの行のどの列も単純な値（一つの作家名）だけを含むように表を書き換えてみる．単純な値とは，意味的にまとまっていて，それ以上細分して考えない文字列あるいは数値を指す．書き換える手順を**図 2.4**，結果を**図 2.5** に示す．行数は増えるが，これで表は単純になった．こうした単純な表を**正規形**の関係表または**第 1 正規形**の関係表，もしくは単に**正規表**という．正規形については，4 章でくわしく議論する．

| URL | 作家名 |
|---|---|
| $URL_1$ | 鴎外 |
| $URL_2$ | 漱石 |
| $URL_3$ | 鴎外，漱石，一葉 |
| $URL_4$ | 子規，漱石 |
| … | … |

図 2.3　URL と作家名の対応を示す関係表

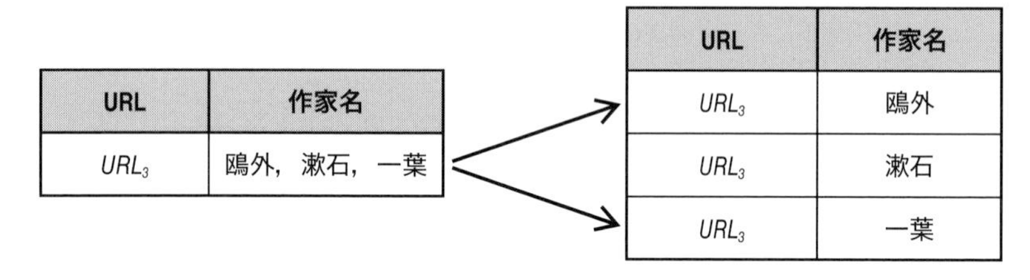


図 2.4　単純な値だけにする

**図 2.6** は，図 2.5 の表の列の順番，行の順番を変えて，さらに読みやすくしたもので，どの作家名がどのウェブページに含まれているかがよくわかるようになっている．こうした操作を**転置**といい，これを表にした転置表は，基礎知識を表現する単純な表である．しかし，列名は関係表の各列を識別する名前なので，実は，図 2.5 と図 2.6 は同じ表である．二つの差は，外から見たわかりやすさの違いに過ぎない．

図 2.5，図 2.6 の関係表は，図 2.1，図 2.2 の二つの集合から一つずつ要素を取り出して，一組の要素を作っていくとできる．例えば，作家名集合から鴎外を，URL 集合から $URL_1$ を取り出して，{鴎外，$URL_1$} という一組の要素を作る．二つの集合の全ての要素についてこうした**組**を作って，できた組全体の集合を作る演算を「**直積**をとる」という（**3.3.2**）．直積の部分集合（意味がある組だけを残したもの）を**関係**（relation），関係をわかりやすく表形式に整理したものを**関係表**と呼ぶ．なお，集合 $X$ の要素を取り出してできた集合を $Y$ とするとき，$Y$

URL 作家名表

| URL | 作家名 |
|---|---|
| $URL_1$ | 鴎外 |
| $URL_2$ | 漱石 |
| $URL_3$ | 鴎外 |
| $URL_3$ | 漱石 |
| $URL_3$ | 一葉 |
| $URL_4$ | 子規 |
| $URL_4$ | 漱石 |
| … | … |

図 2.5 正規表 1

作家名 URL 表

| 作家名 | URL |
|---|---|
| 鴎外 | $URL_1$ |
| 鴎外 | $URL_3$ |
| 漱石 | $URL_2$ |
| 漱石 | $URL_3$ |
| 漱石 | $URL_4$ |
| 一葉 | $URL_3$ |
| 子規 | $URL_4$ |
| … | … |

図 2.6 正規表 2

は $X$ の部分集合であるといい，部分集合 $Y$ が $X$ と同じになる（全ての要素を取り出す）ことだけは認めないとき，$Y$ は $X$ の真部分集合であるという．

こうした二つのものの間のつながりを表現する関係を **2 項関係**という．2 項関係は，人工知能の研究などで，知識を表現する基本単位として，広く受け入れられてきた．データベースの関係モデルはこれを $n$ 項関係に拡張したものといえる．本節の最初にでてきた 1 列だけの表は，列が一つだけだからなにかの関係を表現していると思えないが，簡単にするために 1 項関係であるとしよう．

## 2.3 *n* 項関係の列と属性

$n$ 個の集合のそれぞれから，一つずつ要素を取り出して ***n* 個組** $\{d_1, d_2, \cdots, d_n\}$ を作る．この $n$ 個組を要素とする新たな集合を作る演算も直積であり，その部分集合は $n$ 項関係である．表形式にすると $n$ 列の関係表になる．直積を取るときには，同じ集合を複数回使ってもかまわない．

関係表は，列の間の**関数**を定義しているとも考えられる．関数の引数（例えば作家名）を**始域**あるいは**定義域**，結果（例えばURL）を**終域**という．関係モデルでも，各列の集合の要素を抜き出してきたもとになる集合を**定義域**（domain）という．実は関係の組は，作家名やURLなどの集合から直接選び出すわけではない．それぞれのもととなる定義域として，もっと広い集合，例えば作家名の集合，文字列の集合，文字データ型全体など，さまざまな水準が考えられる．定義域は，プログラム言語でいう基本データ型に相当するという意見もある（**3.4.3**）．$n$項関係を作り出す$n$個の定義域の中に同じものがあってもかまわないが，一つの関係表の中に，同じ名前の定義域が複数現れると，条件式を書いたりするときにややこしいので，それぞれの列には異なる名前を付ける．これを**列名**あるいは**属性**という．どの列かを識別できる名前が付いていれば，列の順番は実はどうでもよい．だから，関係表の列の順番は特に意味はないので，表名 {列名1, 列名2, …} と書いて，これを**関係スキーマ**と呼ぶ．

図2.5や図2.6は，作家とURLという「もの」と「もの」との間の「つながり」を表していた．作家には名前のほかに，生年，没年，出身地，……など，それぞれの作家に固有の情報があるはずである．これも同じ操作で簡単な表にできる．**図2.7**では，6個の集合から値を一つずつ取り出して並べている．6個組を行とする表だから，6項関係の表である．図2.7の中央上にあるのは関係表の名前，先頭行は列名（**属性名**），これ以外の各行は1行が一人の作家を表現している．しかし図2.7では，作者の生年，没年，出身地の情報が，同じ作者の行の行数だけ，繰り返し現れている．また，主要作品名という列があるが，主要作品というのは一つとは限らないと考えられる．そうすると，図2.7は，かなり扱いにくい関係表である．主要作品名の問題は，本章末のデータベースカフェで扱うが，どうすれば扱いやすい関係表ができるのかが，本書の3章，4章における大きな課題である．

「もの」か「ものの性質」かという判断は，実際には難しい．ひとまずは，識別番号をつけて識別できるような対象を「**もの**」と考えて，ものの側面を表現する情報を「**属性**」と考えることにしよう．以降の章にさまざまな関係表の例が出てくるので参照されたい．

作家一覧表

| 作家名 | 生年 | 没年 | 出身地 | 主要作品名 | URL |
|---|---|---|---|---|---|
| 鴎外 | 1862 | 1922 | 島根 | ・・・ | $URL_1$ |
| 鴎外 | 1862 | 1922 | 島根 | ・・・ | $URL_3$ |
| 漱石 | 1867 | 1916 | 東京 | ・・・ | $URL_2$ |
| 漱石 | 1867 | 1916 | 東京 | ・・・ | $URL_3$ |
| 漱石 | 1867 | 1916 | 東京 | ・・・ | $URL_4$ |
| 一葉 | 1872 | 1896 | 東京 | ・・・ | $URL_3$ |
| 子規 | 1867 | 1902 | 愛媛 | ・・・ | $URL_4$ |
| ・・・ | ・・・ | ・・・ | ・・・ | ・・・ | ・・・ |

図 2.7　作家のさまざまな属性

## 2.4　エンティティ，リレーションシップ，オブジェクト，関係表

情報技術の分野では，**もの**のことをエンティティ（**実体**），オブジェクトなどさまざまに呼ぶが，どれもほぼ同じ意味である．およそまとまっていて，識別番号を割り当てることができるなにかをものと考える．図 2.7 の**作家一覧表**では，各行が作家というものを記述している．この図での**出身地**，**主要作品名**，URL などは，もののさまざまの性質を記述しており，**属性**あるいは**特性**という．厳密に言えば，列に列名があるように，属性にも名前と値 (属性名と属性値) とがあるが，属性名と属性値とをまとめて単に属性と呼ぶことが多い．

作家一覧表では，URL は作家の属性の一つと考えられるが，図 2.5 の URL 作家名表では，URL は独立したものと考えるほうが自然であろう．図 2.5 や図 2.6 は，作家名と URL という二つのものの間にある**つながり**を関係表として表現している．つながりは，**リレーションシップ**（**関連**）ともいう．

**もの**と**つながり**とを区別することも，実は難しい．交通事故は，自動車というもの同士のつながりと考えられるが，保険会社からみれば，一つひとつの交通事

科目

(1)　ERモデルの図式表現（関連と実体）

| 学生番号 | 名前 | 現住所 |
|---|---|---|
| | | |
| | | |
| | | |

| 学生番号 | 科目番号 | 成績 |
|---|---|---|
| | | |
| | | |
| | | |

| 科目番号 | 担当教官 | 教室 |
|---|---|---|
| | | |
| | | |
| | | |

(2)　関係モデルの関係表（全てを表で表現する）

図2.8　ERモデルと関係モデル

故がものであろう．どちらと考えるにしても，それぞれの交通事故を記述する属性が当然存在する．つまり，ものにもつながりにも，属性がある．関係モデルはそのあたりを関係という概念で一つにまとめている．しかし，両者を区別して考えるべきだという立場から，例えば**ERモデル**というデータモデルが提案され，普及している．ERモデルでは，E（enitity，実体）とR（relationship，関連）とを区別して，図式的にも別の形で書く．まず，実体や関連の大枠を想定して，それからそれぞれの詳細な属性（列）をつめていくというのは，データベースのトップダウン設計であり，情報技術全般の設計技法としても理に適っている．その場合には，図1.3の概念設計のモデルとしてERモデルを採用し，論理設計のモデルとして関係モデルを採用することが多い．関係モデルでは，実体も関連も同じ「もの」だと考えて，全てを関係表で表す．

データベース中にものに関する情報を表現するということは，実はこうしたさまざまな属性値を表現することであって，けっして「もの」そのものをコンピュータが抱え込んでいるわけではない．IoT（もの相互の間のインターネット）というが，それはけっして「もの」そのものを扱っているわけではない．ものはあくまでもデジタル情報の集まりに過ぎない．インターネットで必要なものを探し出して，発注することはできるが，実物はドローンの宅配便などで届くのであって，もの自身がインターネットで届くわけではない．そこが，物理学や化学と情報学との違いであろう．

## 2.5　関係表補遺

集合，関係，関係表について注意すべき点をいくつか付言する．

(1) 関係は集合である．しかし，それを関係表で直感的にわかりやすく表現すると，集合とは異なる面がいくつか現れる．

① **関係表**――関係表にすると，表の各行が名前の五十音順とか，値の昇順あるいは降順など，なんらかの順番に並んでいるように見える．しかし，関係表の各行は集合の要素であって，集合のなかで行が並ぶ順番は規定されていない．順番は，その集合の内容を外の世界に見せるときに，初めて決まる．

② **表名，列名，属性**――列名は表の各列の見出しであり，表の列を一意に識別する大切な情報である．これがあるので，表の中で列が並ぶ順番は意味がない．一つの表のなかでは，列が並ぶ順番は同じとする．つまり，行ごとに列の順番が違うようなややこしい関係表は考えないことにする．

　データベース中の別の表に同じ名前の列がある場合には，表の名前で修飾して，どの表のどの列であるかを識別できなければならない．列名は列を作り出した定義域の名前に近いが，定義域名には列を一意に識別するという役割はない．

(2) 関係モデルは集合を基本にしており，一つの集合の中に同じ要素（行）は一つしかない．しかし，実用上の便を図って，一つの集合の中に同じ要素が複数存在することを認める場合がある．データベース言語 SQL は，そうした集合を多重（マルチ）集合といって公認している（**3.4.3**）．システムによっては，表の行の識別番号を強制的に付けたりすることもある．利用者の目には同じでも，内部の識別番号で分けることも可能である．このことは折々に触れていく．

(3) 本書では，表や列の名前などになるべく日本語の文字列を使うが，略して英字1文字（と，必要に応じて添字）にすることもある．この場合たいていは，関係表は $R$ で表し，列名（属性）は，$A$，$B$，$C$，...，列名の集合は $X$，$Y$，$Z$，...と書く．また対応する値を $x$，$y$，...と書くこともある．$R$（$X$，$Y$，$Z$）という書き方を**関係スキーマ**と呼ぶ．具体的な値までは書いていないが，表の骨格がわかるので，この語が使われている．

# データベースカフェ

**問 2.1** 図 2.7 の作家一覧表には，主要作品名や URL が列としてまとめられている．図 2.4 のように，一人の作家に URL が複数対応する場合が普通なので，図 2.5 や図 2.6 ではこれを正規表に整理した．主要作品名についても，同様に一人の作家に複数の作品がありうる．これを主要作品表 {作家名, 作品名} という一つの表にまとめて，その具体的な関係表の例を示せ．

**問 2.2** 問 2.1 は，図 2.7 の作家一覧表で列としてまとめた URL や主要作品名を，実は別の関係表にまとめたほうがよいことを示している．列をまとめて関係表を作っていくときに，どの列をひとまとめにし，またどの列を別の関係表にしたほうがよいか．そのための演算や正規化という概念について 3 章，4 章で詳しく取り上げるが，2 章の内容を踏まえ，ここでも考察してみよ．

作家の関係表から，ある作家の URL を知るにはどうすればいいだろうか．それには，作家名を指定すると，URL を入手できるような演算が必要である．関係モデルでは，データベースは関係表という集合の集まりであり，関係表に対する演算を使って作り出される新しい情報も，全て関係表である．次章ではその演算を詳しく検討する．

# 第3章
# データベースの代数

**作家の関係表から，作家の URL を取り出すにはどうすればいいだろうか．関係モデルには，関係表の中から指定した条件を満たす行を選び出したり，関係表をつなぎ合わせて大きい表を作ったり，表操作を行うさまざまな演算子が用意されている．演算子は関係表に作用して，新しい関係表を作り出す．**

## 3.1 関係表の代数

関係モデルでは，データベースは関係表（集合）の集まりであり，演算によって関係表から作り出される新しい情報も全て関係表である．関係データモデルの創始者**コッド**は，関係表に対する演算のモデルとして，**関係代数**，**関係論理**の二つを提案した［Codd, 1972a］［Codd, 1972b］．その後多くの研究者がこれを深化発展させて，今日では，関係代数が関係データベースにおけるデータ操作の数学的な基盤として広く受け入れられている．本章では，関係代数とそれに関連する話題を扱う．

関係代数演算はモデルであって，具体的なプログラム言語やシステムの文法ではない．こうしたモデルをもとに利用者インタフェースや実システムをどう実装するかは，情報技術者に任されている．例えば，関係代数では，関係表の内容は与えられたものとして議論を進める．しかし，データベースが関係表の集まりなら，まず関係表の枠組みをコンピュータ内に設定し，それぞれの関係表に値を書き込んだり，関係表の値を読み込んだり，更新したり，削除したりする操作が必要である．**1.2** でCRUDという頭字語を紹介したが，データベースは永続オブジェクトなので，特別の技術的な配慮が必要になる．また，データベース言語SQL（以下，SQL言語，**3.4.2**）など，さまざまな水準の実装例が知られている．

関係表に対する代数演算子は大きく三つに分類できる．

① **基本集合演算**——集合の**和**，**差**，**共通部分**，**否定**の四つの演算．集合の集まりを和（∪，むすび），差（−），共通部分（∩，交差，積），否定（¬）といった演算子で操作する．本章では，**3.2.3 シェーファーの棒記号**（｜）で説明する．

② **関係を作り出す演算**——**直積**．

③ **選択**，**射影**，**結合**，**商**——関係代数として提案された演算．

**SQL言語**には，データベースや表の作成（定義），表への情報の入出力，関数など，関係代数に含まれていないが実際上必要なさまざまな機能が用意されている．ここには，実務に必要であるが演算子とはいえないものも含まれているが，**3.4.3** で簡単に触れる．

以下では，関係表を単に表ということもある．

## 3.2　基本集合演算

### 3.2.1　集合の代数

関係表は集合であるから，集合から集合を作り出す代数演算である和（union），差（difference），共通部分（intersection），否定（not）を和（∪，むすび），差（−），共通部分（∩，交差，積），否定（¬）という演算子で操作する．もちろん算術演算子のように集合の代数演算子を重ねて，複数の関係表の間の演算を表現することもできる．この四つの演算のうち，否定と和，あるいは否定と共通部分の二つがあれば，残りの二つも表現できることが知られている．また**シェーファーの棒記号**（｜）と呼ばれる演算子だけがあれば，四つの全ての演算をこれだけで表現できる．これは1913年にヘンリー・シェーファー［Sheffer, 1913］が提案した演算子で，論理学や論理回路の分野では否定論理積（NAND）としておなじみである．また，否定論理和でも同じ議論ができる．記号｜の代わりに，記号↑を用いることもある．本節では，これを関係表の世界にもちこんで，基本的な集合代数の演算を検討してみよう．

集合代数演算とはいえ，$m$ 列の関係表が対象であるから，2 項演算は，二つの関係表が次の条件を満たす場合に限って意味をもつ．

① 関係表 $X$ と $Y$ との列数が同じである（どちらも同じ $m$ 項関係である）．

② 関係表 $X$ の $i$ 番目の列の定義域と，関係表 $Y$ の $i$ 番目の列の定義域とが同じであるか，両定義域の要素を一つにまとめた定義域が意味をもつ．

ある学校のクラブである俳句同好会表と合唱団員名簿を考える（**図 3.1**）．二つの表は，それぞれ列の数が同じである．列名は異なるが，対応する列（例えば，会員名と氏名）の定義域は同じと考えられる．どちらの会にも属しない住民はこうした表には出てこないので，今は議論しないものとする．

俳句同好会表

| 会員名 | 丁目 | 携帯番号 |
|---|---|---|
| 内原 | 一 | 987 |
| 鈴木 | 三 | 812 |
| 曽田 | 三 | 131 |

合唱団名簿

| 氏名 | 住所 | 電話番号 |
|---|---|---|
| 植村 | 一 | 539 |
| 曽田 | 三 | 131 |

図 3.1　二つの名簿（俳句同好会表と合唱団員名簿）

### 3.2.2　ベン図と真理値表

演算を理解するために，集合演算や論理学でおなじみのベン図（**図 3.2**）を使う．ベン図の外枠（四角）$U$ は，データベース中の全ての表を含む普遍的な表で，これを全表 $U$ と呼ぶことにする．円は個別の表を示す．円 $X$ の内部（灰色の部分）は，表 $X$ に含まれる全ての行の集合を示す．

### 3.2.3　シェーファーの棒記号による演算

関係表 $X$ と $Y$ との間の演算 $X \mid Y$ は，$X$ と $Y$ の両方に共通して含まれる行（共通部分）を全体から取り除き，残りの行からなる関係表を作り出す演算である．**図 3.3** の白が取り除かれる部分，灰色が残りの部分である．$X$ に含まれ，$Y$ にも

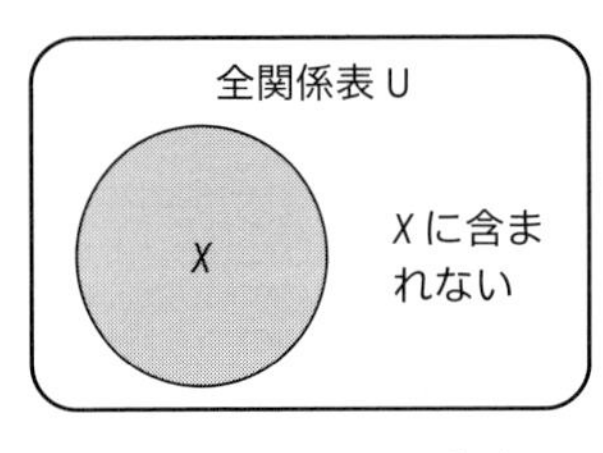


図 3.2　ベン図の意味

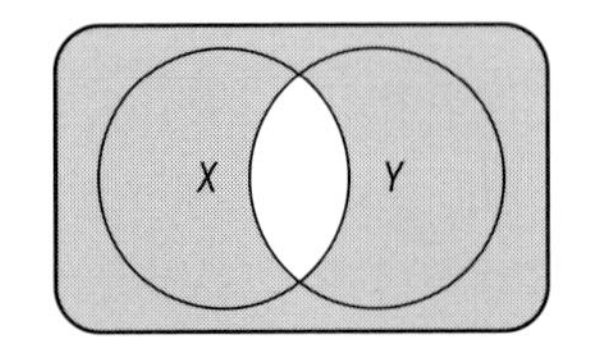


図 3.3　シェーファーの棒 $X \mid Y$

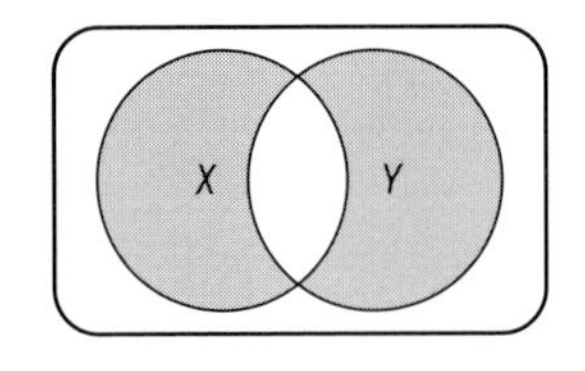


図 3.4　X と Y だけを考える場合

含まれる行は，取り除き，どちらかだけに含まれる行，$X$ でない行，$Y$ でない行は結果に含める．（俳句同好会表 | 合唱団員名簿）はどちらか一方の会だけ所属しているか，どこにも所属していない会員の情報になる．「両方に所属してはいない（not both)」会員などともいう．データベース全体を議論するのであれば，どちらにも所属していない会員を含めて考えなければならないが，データベース演算としては，棒の両側の二つの表が全てであると考えればよい．このとき図 3.3 は**図 3.4** のように単純になり，演算も「$X$ と $Y$ から共通する部分を除く」というだけの意味になる．

集合代数の共通部分は，二つの集合のうち重なる部分だけを取り出す．その否定であるから，二つの集合で共通する部分を取り除いた残りの部分になる．つまり共通していない部分である．$X \mid Y$ の真理値表を**図 3.5** に，演算の結果を**図 3.6** に示す．

**(1)　関係表 $X$ でない部分をつくる演算 $X \mid X$**

$X \mid X$ は，関係表 $X$ と関係表 $X$ とが重なる部分，つまり関係表 $X$ そのものを全表 $U$ から取り除いた残りの部分を作り出す（**図 3.7**）．集合演算ではこれを $X$ の「否定」といい，記号 ¬ を使って，$\neg X$ と書く．残りの部分が $U$ である場合には，この結果を $X$ の補集合という．図 3.1 の「俳句同好会表」を使って，俳句同好会表 | 俳句同好会表 という演算の結果は，俳句同好会に属さない全ての学生になる．

**(2)　関係表 $X$ と $Y$ とに共通する行を集めた表をつくる演算 $(X \mid Y) \mid (X \mid Y)$**

$X \mid Y$ は，関係表 $X$ と $Y$ とで共通する行を取り除く演算だから，$(X \mid Y) \mid (X \mid Y)$ はその否定になり，全体から $(X \mid Y)$ を取り除いた残り，つまり表 $X$ と表 $Y$ とで共通する行を取り出す演算になる．集合演算では，これを $X$ と $Y$ の共通

| 入力 | | 出力 |
|---|---|---|
| $X$ | $Y$ | $X \mid Y$ |
| 真 | 真 | 偽 |
| 真 | 偽 | 真 |
| 偽 | 真 | 真 |
| 偽 | 偽 | 真 |

図 3.5　$X \mid Y$ の真理値表

| 内原 | 一 | 987 |
|---|---|---|
| 鈴木 | 三 | 812 |
| 植村 | 一 | 539 |

図 3.6　結果の表
（どちらかのクラブだけに所属している学生の表）

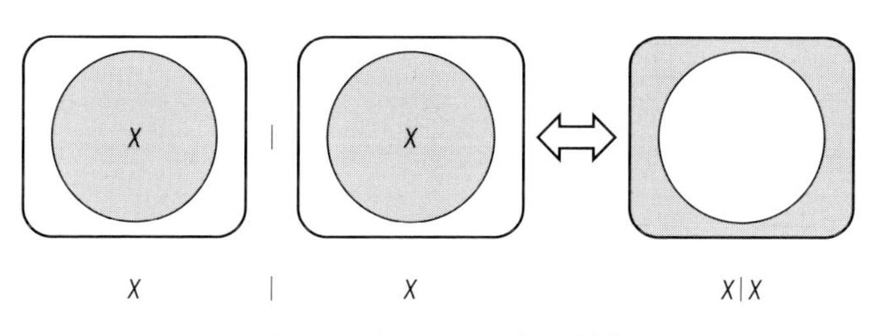


図 3.7　$X \mid X$ は $X$ でない部分

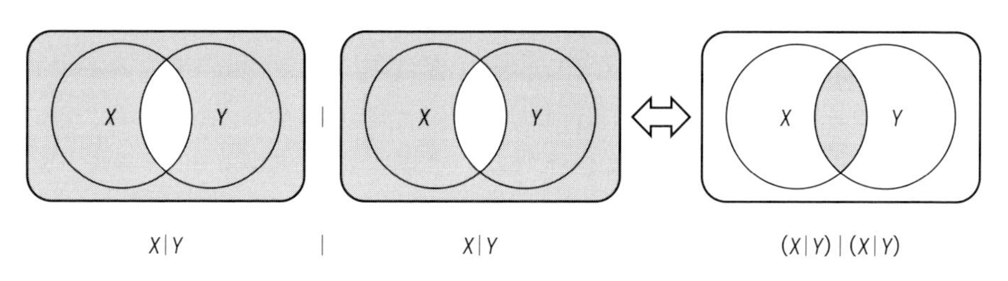


図 3.8（$X \mid Y$）|（$X \mid Y$）は共通する行

| 曽田 | 三 | 131 |
|---|---|---|

図 3.9　両方のクラブに所属している会員

部分といい，演算子を「共通部分」「交わり」などと呼び，記号∩を使って，$X \cap Y$ と書く（**図 3.8**）．

**図 3.9** は，（俳句同好会表｜合唱団員名簿）｜（俳句同好会表｜合唱団員名簿）という演算の結果を示す．

### (3)　関係表 *X* と *Y* との全ての行を集めた表を作る（*X* | *X*）|（*Y* | *Y*）

（$X \mid X$）は「関係表 $X$ に含まれない」，（$Y \mid Y$）は「関係表 $Y$ に含まれない」

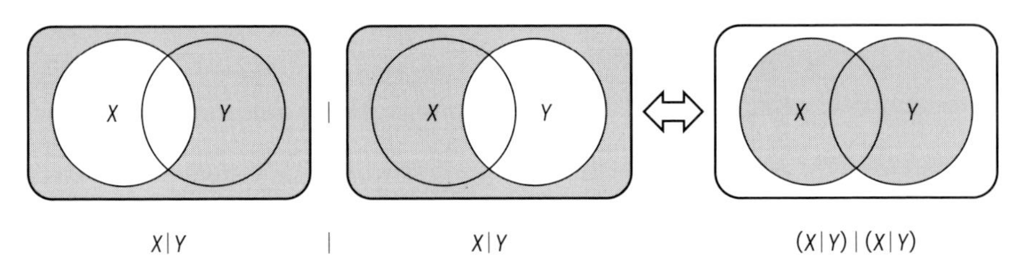


図 3.10　(X | Y) | (X | Y) は関係表 X と Y との全ての行

| 内原 | 一 | 987 |
|---|---|---|
| 鈴木 | 三 | 812 |
| 曽田 | 三 | 131 |
| 植村 | 一 | 539 |

図 3.11　表 X と表 Y の全ての行

部分をそれぞれ取り出す演算であるから，$(X \mid X) \mid (Y \mid Y)$ は，関係表 $X$ か $Y$ のどちらか一方か両方に含まれる行だけを取り出すことになる．集合演算では，この演算子を「和」,「結び」などと呼び，記号 ∪ を使って，$X \cup Y$ と書く（**図 3.10**）.

**図 3.11** は，(俳句同好会表 | 俳句同好会表) | (合唱団員名簿 | 合唱団員名簿) という演算の結果で，いずれか（または両方）のクラブに所属している学生の関係表になる．

これは，2 冊の名簿を 1 冊にまとめる操作と考えることもできる．しかし普通に集合と云えば，その中に同じ要素（行）は一つだけしか存在しない．だから曽田君は両方のクラブに所属しているが，曽田君の行は，結果の表には一行だけしか現れない（図 3.11）．実用的には，両方のクラブに所属している学生は結果の表に 2 回現れた方が便利かもしれない（**図 3.12**）．前章でも触れたが，一つの集合の中にまったく同じ要素（行）が複数ある集合を「多重（マルチ）集合」とか「バッグ」とかいう．SQL 言語は**多重集合**を基本としており，この例のように 2 種類の結果が想定される場合には，同じ要素が一つしか現れない和演算を

| 内原 | 一 | 987 |
|---|---|---|
| 鈴木 | 三 | 812 |
| 曽田 | 三 | 131 |
| 植村 | 一 | 539 |
| 曽田 | 三 | 131 |

図 3.12　多重集合での結果

union，多重集合を multiunion などと用語を使い分けている．

**(4)　関係表 $X$ の行であるが $Y$ の行ではないものだけを集めた表を作る演算 $(X \mid (Y \mid Y)) \mid (X \mid (Y \mid Y))$**

これは，関係表 $X$ と，関係表 $Y$ に含まれない部分（$Y$ でない部分）とに共通する部分を考えればよい．$Y$ でない部分は，$(Y \mid Y)$ で取り出せる．$X$ と $Y$ の共通部分は，$(X \mid Y) \mid (X \mid Y)$ であるから，その $Y$ を $(Y \mid Y)$ で置き換えて，$(X \mid (Y \mid Y)) \mid (X \mid (Y \mid Y))$ は，関係表 $X$ から関係表 $Y$ の行を取り除いた表を作る（**図 3.13**）．普通の集合代数ではこれを差集合といい $X$-$Y$ と書く．

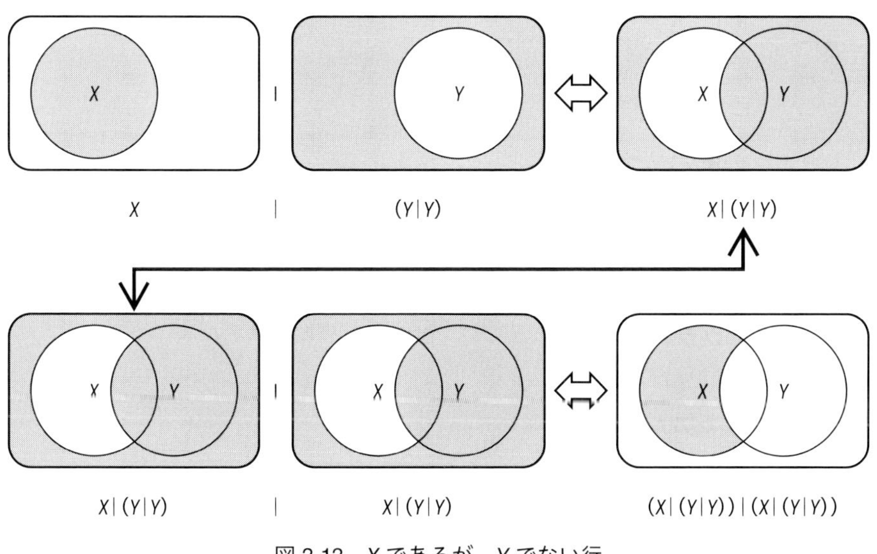


図 3.13　$X$ であるが，$Y$ でない行

### 3.2.4　シェーファーの棒記号のまとめ

集合代数では，否定と共通部分があれば，ほかの二つの演算は表現可能であるとされてきた．それなら，この二つを合体させた否定論理積という演算は，どうだろうか．否定や論理積を簡単に表現できるなら，残りの二つも表現できる．これだけでほかの論理演算子は不要になる．

否定論理積という演算は，一見奇妙にみえる．自動車の半ドア警報ランプは，どこかのドアが開いている間は警報ランプが点灯していて，全てのドアが閉じると，この警報ランプが消える．電車のドアでも同じである．全てが真である場合にだけ偽になるという演算には意味がある．

シェーファーの棒記号｜だけあれば，全ての基本的な集合演算を表現できるから，例えばこれを実装したソフトウェアモジュールがあれば，どのような基本集合演算の組合せでも実現できる．これを実現する回路だけを作って，あれこれとつないでいくと，どんな複雑な論理回路でも実装できる．しかし実用を考えると，和や共通部分があったほうが，演算が単純でわかりやすい．次に説明する関係代数の結合演算と同じことと考えてよい．

## 3.3　関係表の演算

### 3.3.1　データベース応用のための演算

基本的な集合演算だけでは，データベース応用に十分ではない．ほかにも，表の内容を調べて，目的の内容をもつ行を探し出す，複数の表を一つにまとめる，必要でない列を削除するといった演算が必要である．コッドが提案した関係代数は，ここまでに見てきた基本的な集合演算に加えて，データベース独自の代数演算を提案している．

### 3.3.2　関係表の直積

前章で，関係表は一つ以上の集合の直積の部分集合であることを学んだが，関係表を作り出すもとになった集合（定義域）を最初に作成する演算についてはなにも議論しなかった．これは，おそらく基本的な集合論からも欠落している部分

関係表 $X$

| | 列 1 | ・・・ | 列 $p$ |
|---|---|---|---|
| 行 1 | | | |
| ・・・ | | | |
| 行 $m$ | | | |

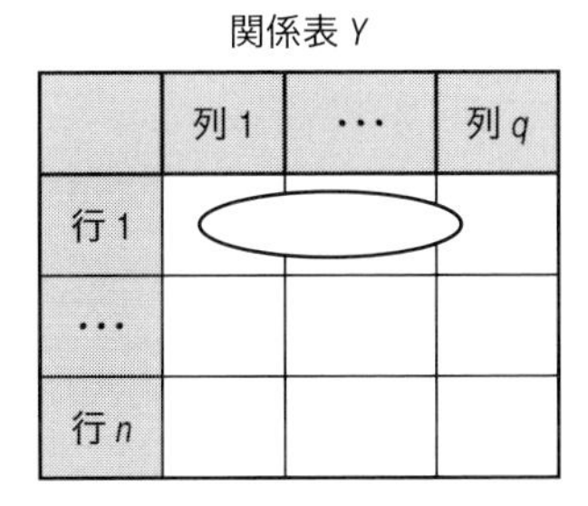


$X$ と $Y$ の直積 $W$（$X \times Y$）

| | 列 1 | ・・・ | 列 $p+q$ |
|---|---|---|---|
| 行 1 | | | |
| ・・・ | | | |
| 行 $m \times n$ | | | |

図 3.14　関係表 $X$ と $Y$ の直積 $W$

と考えられる．要素を集めて集合を作り出すデータ操作として，例えばSQL 言語には，データベース中に関係表の枠組みを定義して，最初の値を入力するための文がいくつか用意されている（**3.4.3**）．枠だけを作って，そこにコンマで区切ったデータをコピーするとか，ほかの表計算言語の表を流用するとか，さまざまな便法があり得る．こうした部分は，関係モデルからは欠落している．

直積をとると，指定した全ての集合の全ての要素の組合せを列挙した集合ができる．その部分集合が関係表である．関係表はそれ自体が集合であるから，関係表 $X$，$Y$ を定義域，それぞれの関係表の行を要素として，直積演算 $X \times Y$ を考えることができる．**図 3.14** に，$m$ 行 $p$ 列の表 $X$ と $n$ 行 $q$ 列の表 $Y$ とから，$m \times n$ 行，（$p+q$）列の表を作る直積の例を示す．$m=5\,000$，$n=1\,000$ としても，5 000 000 行に達する巨大な表になる．関係表 $X, Y, ..., W$ を定義域，それぞれの関係表の行を要素として，複数の関係表の直積演算 $X \times Y \times \cdots \times W$ を考えることもできる．本章ではこうした直積をたびたび取り扱う．なお，ベン図では直積は表現できない．

### 3.3.3 関係代数演算の記法

**選択**（selection），**射影**（projection），**結合**（join），**除算**（division）は，関係モデルでデータベース応用のために提案された演算である．演算ごとに「書き方」として，関係代数演算の古典的な記法を示す．四則演算と同じように，関係代数演算も次々に並べて書くことができるので，演算の順序を明確にするためには中括弧を使うこともある．演算結果に新しい関係表名を付けるときには，

関係表名：関係代数の演算式

のように書いてもよい．新しい演算の書き方は，厳密に決まってはいないので，参考にとどめる．

### 3.3.4 選択と制約

**選択**演算は，指定した表の中から，条件を満たす行を選び出して，新しい表を作り，表を探索する機能である．選択演算は，

表名［列名 1 $\theta$ 定数］

と書く．選び出す条件は列に対して指定し，選び出す単位は行である．

**図 3.15** では，社員表から，1900 年より前に生まれた社員（社員表［生年＜1900]），あるいは，名前がハンターである社員（社員表［名前＝"ハンター"]）の情報を探索し，該当する行だけを選んで新しい表にまとめている．該当する行の全体が結果となる．社員表［名前＝"ハンター"］では，選択された行の名前列の内容は，"ハンター" であると決まっているので，この演算を要求した人は，ハンターの年齢が知りたかっただけに違いないと推測できる．図 3.15 の最後の部分にあるように，必要な列だけを切り出すには，次項で述べる**射影**演算が必要になる．

作り出した表に名前を付けたい場合には，

1900 年以前生まれの社員表：社員表［生年＜1900］

のように書くと，結果の表に「1900 年以前生まれの社員表」という名前が付く．

記号 $\theta$ は，=，not =，>，not >，<，not < のいずれか，つまり 2 項の比較演算子である．$\theta$ による比較が可能であることを「**$\theta$ 比較可能**」という．例えば，文字列と文字列とは $\theta$ 比較可能であるが，文字列と数値は $\theta$ 比較可能ではない．

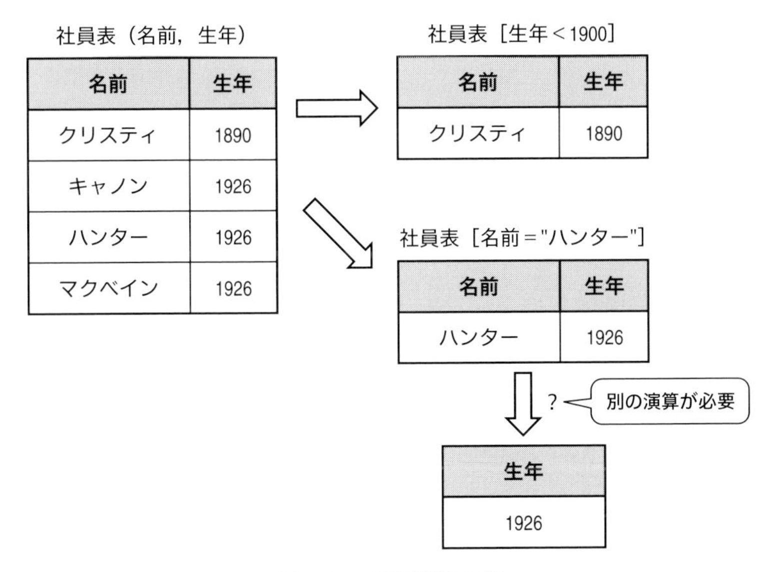


図 3.15　選択演算の例

選択演算では，$\theta$ の右辺に定数を書く．左辺の列名の列の内容と右辺の定数とが $\theta$ 比較可能でなければならないことは言うまでもない．定数はプログラム言語ではおなじみであり，これを条件のなかに直接書けるのは，簡単でわかりやすい．この選択をとくに **$\theta$ 選択**（$\theta$-selection）ということもある．

定数は集合演算となじまないので，定数は 1 行 1 列の関係表とみなして，なんらかの方法で元の関係のなかに持ち込む方法も考えられる．コッドの論文ではこうした演算を提案して，**制約**（restriction）あるいは **$\theta$ 制約**（$\theta$-restriction）と呼んでいた．制約演算は，

表名［列名 1 $\theta$ 列名 2］

と書く．表名は最初に一つ指定できるだけなので，列名 1 と列名 2 とは同じ表の二つの列になる．

**図 3.16** の関係表は，図 3.15 の社員表（名前，生年）に，**直積**によって対象年表の対象年という列を加えていて，一つの表の中で，社員年齢表［生年<対象年］という制約演算を実現している．

社員表（名前，生年）×対象年

| 名前 | 生年 | 対象年 |
|---|---|---|
| クリスティ | 1890 | 1900 |
| キャノン | 1926 | 1900 |
| ハンター | 1926 | 1900 |
| マクベイン | 1926 | 1900 |

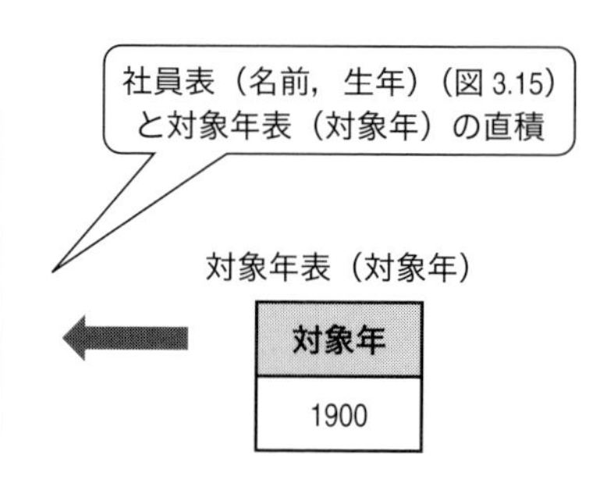

社員年齢表［生年＜対象年］

| 名前 | 生年 | 対象年 |
|---|---|---|
| クリスティ | 1890 | 1900 |

図 3.16　制約演算の例

制約演算では，関係表 $R$ の列 $X$ と列 $Y$ とが $\theta$ 比較可能でなければならない．比較の両辺が列名に限られているのは実用的でないが，比較の時点での列の内容を変化させていけば，微妙な演算が可能になる．定数は，比較の途中で値を変化させることはできない．

## 3.3.5　射影

**射影**演算は，指定した関係表から必要な列だけを残し，不要な列は削除して新しい表を作り出す．射影演算は，

表名〔列名 1，列名 2，...〕

と書く．列名 1，列名 2，...は残す列の指定で，複数の列を指定できるが，行ごとに異なる列を指定したりする機能はない．そのため，表の行のうち，指定した列名に対応する成分値だけを並べて新しい集合を作る．これを表の列名方向への**射影**という．**図 3.17** は，名前と生年をまとめた関係表を生年方向に射影して，1 列だけの表を作り出している．

まわりの列を削除した結果，重複する行が発生する場合があるが，結果の表も集合であるからこの演算では 1 行になる．だから通常この演算は，代数演算の最

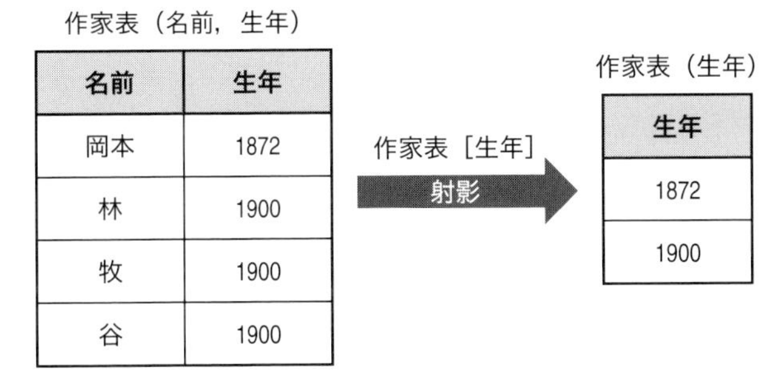


図 3.17　射影演算の例

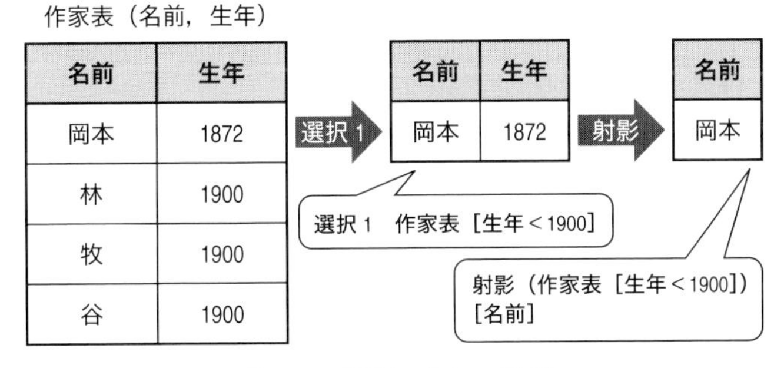


図 3.18　選択のあとの射影

後に，結果として必要な列を取り出すところで用いる．**図 3.18**，**図 3.19** に例を示す．SQL 言語で，SELECT 文の最初に，結果として取り出したい列を指定する部分があるが，これが射影である．

この演算を射影と呼ぶ理由を**図 3.20** に示す．ここでは，成績表という 2 列の表を 1 列の表に照射して，表の次数を減らしている．これが射影という名前のゆえんである．成績表〔得点〕の演算結果も集合であるから，同じ得点が複数あっても，結果の表では一つの値になる．集合としてはこれで正しいが，例えば，平均点を計算する場合に，もとの成績表と成績表〔得点〕とでは，結果が異なる．ほかにも困る例があるので，射影の演算は演算の列のなるべく最後にするほうがよい．**SQL 言語**は**多重**（マルチ）**集合**を基本にしているので，異なった成績表〔得点〕の結果となる．どちらを選択するのがよいのか，よく観察する必要がある．

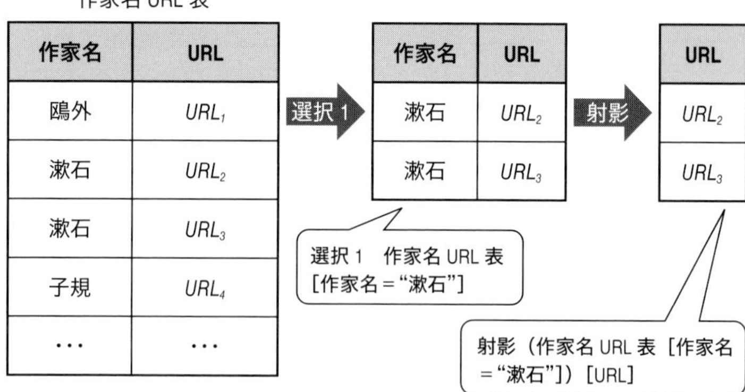


図3.19　作家のURLを知る（図2.6から少し行数を減らしてある）

### 3.3.6　結合（join）

選択や射影では，指定した表から必要な行や列を抜き出して新しい表を作った．直積は，複数の表を一つの表にまとめた．**結合**は，共通の情報を手がかりとして，複数の表をさまざまな基準で一つにまとめる演算である．結合演算は，

関係表名1［列名1$\theta$列名2］関係表名2

と書く．この書き方は，結合演算が実は

（関係表名1×関係表名2）［列名1$\theta$列名2］

と同じであり，**直積**と**選択**（制約）で表現可能であることを示している．関係モデルの主張は，関係表はなるべく単純に作り，後で必要に応じて複数の表をつなぎ合わせて必要な情報を取り出すということである．そのため，結合演算はきわめて重要である．また結合は大規模な演算なので，ハードウェア，ソフトウェアの両面から，高速演算を実現する技術が盛んに研究されている．

結合には変形がいろいろとあるので，まず基本的な二つの結合演算を検討し，あとで考案された結合について順次触れていく．

#### (1)　自然結合（natural join）

自然結合は，二つの表に共通する列名を手がかりとして，共通する列の値が等しい行を一つに連結して，新しい行を作る．自然結合は，

表名1 $\bowtie$ 表名2

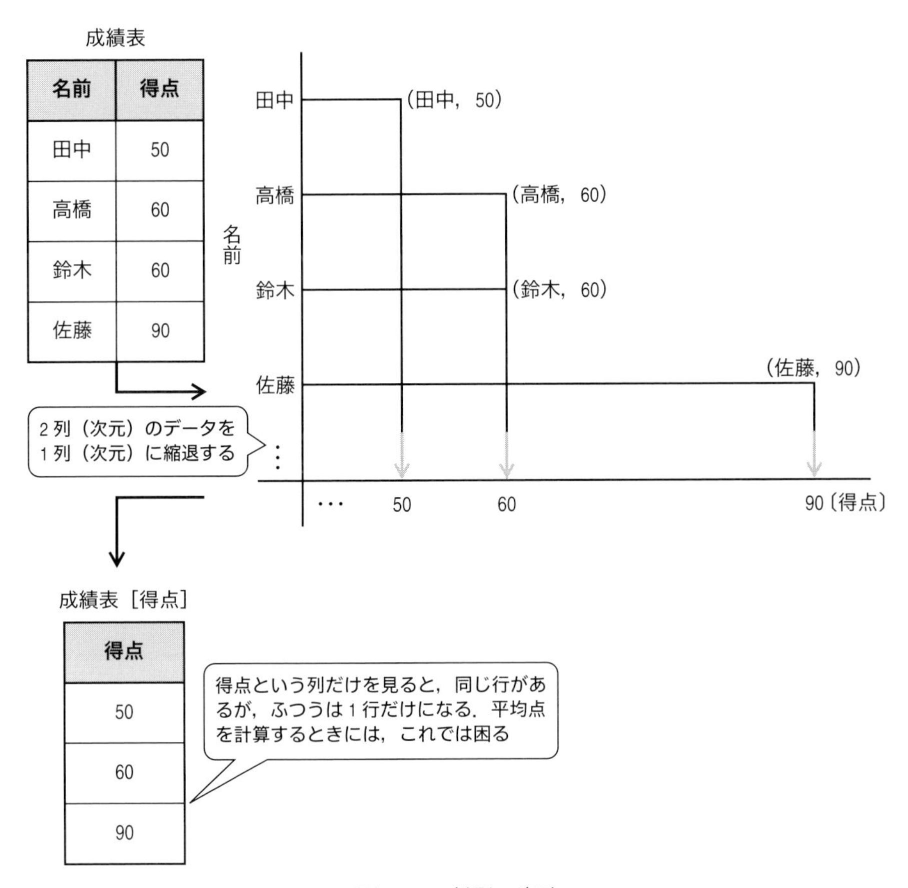


図 3.20　射影の意味

と書く．記号⋈の代わりに，＊を使うこともある．以下では＊とする．連結するとは，二つの行の値を並べて一つの行とするという意味である．こうした行の集まりで結果の表を作る．結果の表では，列名が同じ二つの列は内容も同じになるので，1 列だけにする．

**図 3.21** は，関係モデルに関する最初の論文でコッドが紹介している結合演算の例である．取扱い業者表と部品利用表はそれぞれ，業者とその業者が扱う部品，部品とその部品を使うプロジェクトからなる 2 列の表である．この二つの表から

取扱い業者表

| 業者 | 部品 |
|---|---|
| 1 | 1 |
| 2 | 1 |
| 2 | 2 |

部品利用表

| 部品 | プロジェクト |
|---|---|
| 1 | 1 |
| 1 | 2 |
| 2 | 1 |

| 業者 | 部品 | プロジェクト |
|---|---|---|
| 1 | 1 | 1 |
| 1 | 2 | 2 |
| 2 | 1 | 1 |
| 2 | 1 | 2 |
| 2 | 2 | 1 |

図 3.21　納入部品使用表［Codd, 1970］

同じ名前の列（部品）を比較して，値が同じ場合に二つの行をつないで納入部品使用表を作り出し，取扱い業者表＊部品利用表と書いた．コッドは，こうした結合を**自然結合**（**natural join**）と呼んでいる．

演算の効率を上げるための算法は別として，一般的にいえば，結合は一方の表から1行ずつ取り出して，もう一方の表の中で条件を満たす行を探していくという手順で進行する．見つかれば，該当する二つの行を連結した新しい行を作り，結果の表に加える．これを全ての行について繰り返す．もともと比較できる列がない場合には，直積演算と同じ結果とする．

納入部品使用表には，射影演算によって，もとの二つの表を復元できるという大切な性質がある．すなわち，図 3.21 の納入部品使用表［業者，部品］は同図の取扱業者表であり，納入部品使用表［部品，プロジェクト］は同図の部品利用表である．

### (2) 一般的な結合

一般的な結合演算は，

表名 1 ［列名 1 $\theta$ 列名 2］ 表名 2

と書く．表名 1 の列名 1 と，表名 2 の列名 2 とを指定するので，列名が同じでなくてもよい．また $\theta$ は，選択演算で見た 2 項演算子のどれであってもよい．

等号で比較する結合を**等結合**（**equi-join**）という．結合の操作そのものは自然結合とほぼ同じで，二つの表のそれぞれで指定した列を手がかりとして，列の値が条件を満たす場合に，該当する二つの行を一つに連結して新しい行を作る．

二つの表の全ての行の組合せについて，これを繰り返し，できた新しい行をまとめて結果の表を作成する．

一般的な結合演算の例を**図 3.22**，**図 3.23** に示す．顧客表は，ある会社の顧客の一覧表，品目表はこの会社の取扱品目の一覧表，売上票はその会社の 3 月 7 日，8 日の売上一覧表である（図 3.22）．請求書を作って発送するには，この三つの表の内容を一つにまとめる必要がある．まず，顧客表と売上表とを結合する．基本的な結合演算がここではさらに三つの種類に大別される（図 3.23）．

① **うち結合**（**inner join**）――基本的な結合演算である．顧客表［顧客番号＝顧客番号］売上表で，$\theta$ は等号であるから，結果の表の顧客番号の列と客番号の列とは，同じ内容になる．2 項演算子は等号とは限らないので，同じ内容の列が二つ現れるとは限らない．条件を満足しない行は連結しないので，結果の表には現れない．

② **そと結合**（**outer join**）――うち結合演算の結果できた表では，東京に住み，顧客番号 15 の幸田氏の情報が消えてしまっている．この期間中に幸田氏がなにも購入しなかったので，結合しようにも対応する行が見つからなかったためである．しかし，幸田氏が購入しなかったということも大切な情報であるから，顧客番号 15 の行もなんらかの形で残したい．結合演算において，結合相手の表に該当するデータが存在しない場合，存在しないデータを**空値**（**ナル値**）として行の連結を行い，結果の行に含める演算を**そと結合**（outer join）という．

そと結合には，方向性がある．顧客番号と客番号とを比較して等しくない場合

顧客表

| 顧客番号 | 氏名 | 住所 |
| --- | --- | --- |
| 5 | 森 | 山口 |
| 10 | 夏目 | 東京 |
| 15 | 幸田 | 北海道 |

品目表

| 品目番号 | 品目名 | 規格 | 原価 |
| --- | --- | --- | --- |
| 301 | 鉛筆 | 2B | 120 |
| 501 | シャープ | 4 色 | 300 |
| 701 | 万年筆 | ポンプ式 | 8000 |

売上表

| 日付 | 顧客番号 | 品目番号 | 売上金額 |
| --- | --- | --- | --- |
| 3/7 | 5 | 301 | 5000 |
| 3/8 | 10 | 301 | 3000 |
| 3/8 | 5 | 501 | 1000 |

図 3.22　三種類の表

でも，顧客番号はあるが対応する客番号がない（売上げがなかった）場合と，客番号はあるが対応する顧客番号がない（不正な客番号が現れた）場合とで，空値を埋める列が異なる．表の左側の行は全て結果に残すという結合を**左そと結合**（left outer join あるいは left join），表の右側の行は全て結果に残すという結合を**右そと結合**（right outer join あるいは right join），どちらの表の行も全て結果の表に残す結合を**両そと結合**（full outer join）という．図 3.23（b)〜(d）は，同じ二つの表に対する 3 種類のそと結合の結果を示す．

空値は，「値があるはずであるが未知である」「値はまだ決まっていない」「その値を議論する意味がない（不適)」などさまざまな意味があり得る．とくに，客番号，品目番号など識別情報の列に空値が現れると，より煩雑さが増す．ここではSQL 言語が定義しているように，「**空値（ナル値**）は，データ値の欠如を示す特別な値」であるとして，とりあえず（空値）と書いておくことにする．

なお，図 3.22 の三つの表を一つにまとめる例を**図 3.24** に示す．このためには，三つの表を順番に結合すればよい．関係代数演算は，算数の四則演算のように，次々に行うことができる．二つの表をまとめた．

（顧客表〔顧客番号＝客番号〕売上表）

顧客表

| 顧客番号 | 氏名 | 住所 |
|---|---|---|
| 5 | 森 | 山口 |
| 10 | 夏目 | 東京 |
| 15 | 幸田 | 東京 |

売上票

| 日付 | 客番号 | 品目番号 | 売上金額 |
|---|---|---|---|
| 3/7 | 5 | 301 | 5000 |
| 3/8 | 5 | 301 | 3000 |
| 3/8 | 10 | 501 | 1000 |
| 3/8 | 20 | 301 | 2000 |

(a) うち結合演算　顧客表［顧客番号＝客番号］売上表

| 顧客番号 | 氏名 | 住所 | 日付 | 顧客番号 | 品目番号 | 売上金額 |
|---|---|---|---|---|---|---|
| 5 | 森 | 山口 | 3/7 | 5 | 301 | 5000 |
| 5 | 森 | 山口 | 3/8 | 5 | 501 | 1000 |
| 10 | 夏目 | 東京 | 3/8 | 10 | 301 | 3000 |

(b) 右そと結合　顧客表［顧客番号＝客番号>売上表

| 顧客番号 | 氏名 | 住所 | 日付 | 顧客番号 | 品目番号 | 売上金額 |
|---|---|---|---|---|---|---|
| 5 | 森 | 山口 | 3/7 | 5 | 301 | 5000 |
| 5 | 森 | 山口 | 3/8 | 5 | 304 | 1000 |
| 10 | 夏目 | 東京 | 3/8 | 10 | 301 | 3000 |
| 15 | 幸田 | 東京 | (空値) | (空値) | (空値) | (空値) |

(c) 左そと結合演算　顧客表<顧客番号＝客番号］売上表

| 顧客番号 | 氏名 | 住所 | 日付 | 顧客番号 | 品目番号 | 売上金額 |
|---|---|---|---|---|---|---|
| 5 | 森 | 山口 | 3/7 | 5 | 301 | 5000 |
| 5 | 森 | 山口 | 3/8 | 5 | 304 | 1000 |
| 10 | 夏目 | 東京 | 3/8 | 10 | 301 | 3000 |
| (空値) | (空値) | (空値) | 3/8 | 20 | 301 | 2000 |

(d) 両そと結合　顧客表<顧客番号＝客番号>売上表

| 顧客番号 | 氏名 | 住所 | 日付 | 顧客番号 | 品目番号 | 売上金額 |
|---|---|---|---|---|---|---|
| 5 | 森 | 山口 | 3/7 | 5 | 301 | 5000 |
| 5 | 森 | 山口 | 3/8 | 5 | 304 | 1000 |
| 10 | 夏目 | 東京 | 3/8 | 10 | 301 | 3000 |
| 15 | 幸田 | 東京 | (空値) | (空値) | (空値) | (空値) |
| (空値) | (空値) | (空値) | 3/8 | 20 | 301 | 2000 |

図 3.23　うち結合とそと結合

| 日付 | 客番号 | 品目番号 | 売上金額 | 顧客番号 | 氏名 | 住所 | 品目番号 | 品目名 | 規格 | 原価 |
|---|---|---|---|---|---|---|---|---|---|---|
| 3/7 | 5 | 301 | 5000 | 5 | 森 | 山口 | 301 | 鉛筆 | 2B | 120 |
| 3/8 | 10 | 301 | 3000 | 10 | 夏目 | 東京 | 501 | シャープ | 4色 | 300 |
| 3/8 | 5 | 304 | 1000 | 15 | 幸田 | 東京 | 701 | 万年筆 | ポンプ | 8000 |

(a)（顧客表［顧客番号＝客番号］売上表）［品目番号＝品目番号］品目表

| 日付 | 客番号 | 品目番号 | 売上金額 | 氏名 | 住所 | 品目名 | 規格 | 原価 |
|---|---|---|---|---|---|---|---|---|
| 3/7 | 5 | 301 | 5000 | 森 | 山口 | 鉛筆 | 2B | 120 |
| 3/8 | 10 | 301 | 3000 | 夏目 | 東京 | シャープ | 4色 | 300 |
| 3/8 | 5 | 304 | 1000 | 幸田 | 北海道 | 万年筆 | ポンプ | 8000 |

(b) 顧客表＊売上表＊品目表（列名の顧客番号は客番号に変更した）

図 3.24　三つの表の結合

の結果は図 3.23（a）に示した．この結果の表にさらに品目表を結合するには，

（顧客表［顧客番号＝客番号］売上表）［品目番号＝品目番号］品目表

で，図 3.24（a）の結果が得られる．しかし，この表は顧客番号と客番号，品目番号と品目番号という 2 列が同じ内容になっていて，いかにも冗長である．比較も等号であるから，ここは自然結合にしたいが，列の名前が違うので，簡単にはできない．顧客表の顧客番号という列名を客番号という列名に変更できれば，顧客表＊売上表＊品目表で，図 3.24（b）のすっきりした結果が得られる．

③　**準結合（semi join）**——二つの表を結合したあと，どちらかの表の列だけに射影して小さい表を作る演算を**準結合**（semi join）という．結果の表の列は，二つの表のいずれかと同じ構造であるが，行数は少なくなっているはずである．

準結合は，

表名 1<<列名 1 $\theta$ 列名 2］表名 2

と書く．$\theta$ 結合のように，$\theta$ 演算子を満たしている行の対を見つけてくるが，結果としては，どちらか一方の行の該当部分だけを残す．結合のあとであら

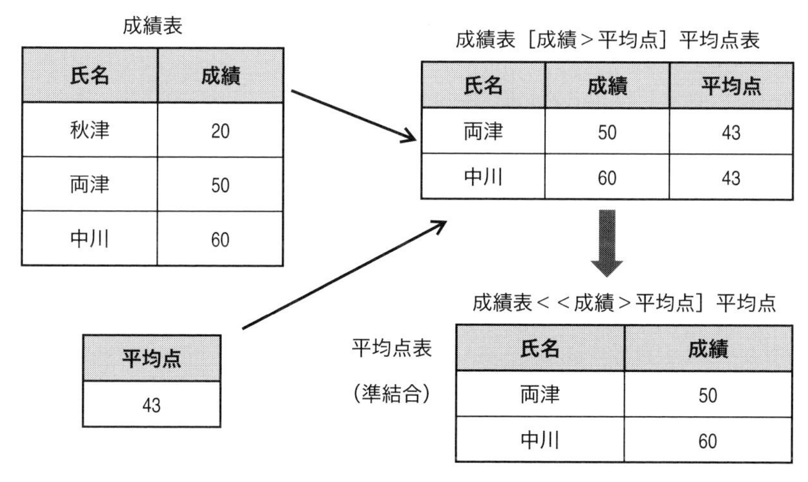


図 3.25　準結合の例（結果として，成績表の該当部分だけを残す）

ためて射影を行うのは面倒なので，直積，制約，射影をひとまとめの演算としたものである．**図 3.25** で，結合の途中段階では二つの表（成績表と平均点表）を調べているが，結果として最後に取り出すのは，該当する行の成績表の部分だけである．大きい関係表 $X$ と $Y$ が別のコンピュータ上に分散していて，$X$ と $Y$ の結合を計算したい場合などに，役に立つかもしれない．

④　**自己結合（self join）**——表を自分自身と結合してもよい．部品展開と呼ばれる応用の例では，

部品表（親部品番号，子部品番号）

という一つの表だけが存在する．

ここで，部品表［子部品番号＝親部品番号］部品表という結合演算はどんな意味になるだろうか．単純に考えると**図 3.26** 中央の結果になる．これは等結合であるから，二列目の子部品番号と三列目の親部品番号は同じ内容になる．これを子部品番号列だけを残し，四列目の子部品番号列は，同じ名前の列が複数あって列名の規則違反なので，孫部品番号という列名に変更する．すると図 3.26 の展開部品表が得られる．関係代数には列名の変更機能などはないが，SQL 言語には，表名や列名を一時的に変更する機能があるので，それを応用できる．

部品表

| 親部品番　号 | 子部品番　号 |
|---|---|
| 1 | 2 |
| 1 | 3 |
| 2 | 4 |
| 3 | 5 |
| 3 | 6 |
| 4 | 1 |

部品表［子部品番号＝親部品番号］部品表

| 親部品番　号 | 子部品番　号 | 親部品番　号 | 子部品番　号 |
|---|---|---|---|
| 1 | 2 | 2 | 4 |
| 1 | 3 | 3 | 5 |
| 1 | 3 | 3 | 6 |
| 2 | 4 | 4 | 1 |
| 4 | 1 | 1 | 2 |
| 4 | 1 | 1 | 3 |

部品展開表

| 親部品番　号 | 子部品番　号 | 孫部品番　号 |
|---|---|---|
| 1 | 2 | 4 |
| 1 | 3 | 5 |
| 1 | 3 | 6 |
| 2 | 4 | 1 |
| 4 | 1 | 2 |
| 4 | 1 | 3 |

図 3.26　自己結合による部品展開表

### 3.3.7　割り算

**割り算**（division）は，条件が複数ある場合に，全ての条件を満たす要素を取り出す．わかりにくい演算で，ほかの演算で表現可能であることが知られているので，簡単な例を説明するにとどめる．割り算は，

表名 1［列名 2÷列名 3］表名 2

と書く．表名 1 の列を二つの集まりに分けて，簡単のためにそれぞれを列名 1，列名 2 と呼ぶ．列名 3 は，表名 2 の列である．列名とある部分には列名の並びを書いてもよい．列名 2，列名 3 は同じ定義域からの属性でなければならない．

**図 3.27** の社員特技表で，表名 1 は社員特技表，列名 1 は社員名，列名 2 は特技，**図 3.28** の表名 2 は必要技能表，列名 3 は技能である．社員特技表は，ある会社の社員それぞれの特技を列挙した表である．必要技能表は，この会社の人事担当者が探している人材が備えてほしい技能を列挙している．このとき，

社員特技表［特技÷技能］必要技能表

は，備えてほしい技能を全て備えた社員名を解として戻す．

図 3.27 社員特技表は，**図 3.29** 特技表のように並べかえると，わかりやすい．社員特技表［社員名＝"森"］［特技］で森社員の特技を取り出すと｛英会話, そろばん, 大型免許｝になり，必要技能表の全ての要素を含むから，森社員は解に含

社員特技表

| 社員名 | 特技 |
| --- | --- |
| 森 | 英会話 |
| 夏目 | 英会話 |
| 幸田 | 英会話 |
| 森 | そろばん |
| 幸田 | そろばん |
| 森 | 大型免許 |

図 3.27　社員特技表

必要技能表

| 技能 |
| --- |
| 英会話 |
| そろばん |
| 大型免許 |

図 3.28　必要技能表

特技表

| 社員名 | 特技 |
| --- | --- |
| 森 | 英会話 |
| 森 | そろばん |
| 森 | 大型免許 |
| 夏目 | 英会話 |
| 幸田 | 英会話 |
| 幸田 | そろばん |

図 3.29　社員特技表の列順を変えてみると

まれる．ほかの二人の社員がそうでないことは図 3.29 からも自明であろう．自明ではあるが，社員特技表〔社員名〕で得られる社員一人ひとりについて，この演算を実行しなければならない点が煩わしい．

ほかにも，社員特技表〔特技="英会話"〕〔社員名〕で，まず英会話を得意とする社員を探し出し，同様に外の二つの技能についても該当する社員を探し出し，最後に探し出した三つの社員名の共通部分をとっても，同じ解が得られる．だから割り算は本質的に必要な演算ではないが，あると便利なものである．

## 3.4　関係代数から利用者インタフェースまで

### 3.4.1　データ操作の階層

データベースのデータ操作には，次の三つの階層が考えられる（**図 3.30**）．

(1) データを理解する基盤となるモデル．関係表によるデータベースと関係代数．関係代数は演算のモデルであるが，**CRUD**（**1.2**）のうちでおもに $R$ の範囲を扱っている．データベース応用では，ほかに少なくとも関係表の定義，表への値の入力や変更，データベースの計算などの機能が必要である．

(2) モデルに沿ってデータベースを構築し操作するためのプログラム言語．例えば次項で述べるSQL言語などである．端末などから直接文を投入する方式の言語と，ほかのプログラム言語の中に埋め込んで使用する埋込み型の言語とが考えられる．

(3) 利用者がデータベースを使うときの，扱いやすいインタフェース．

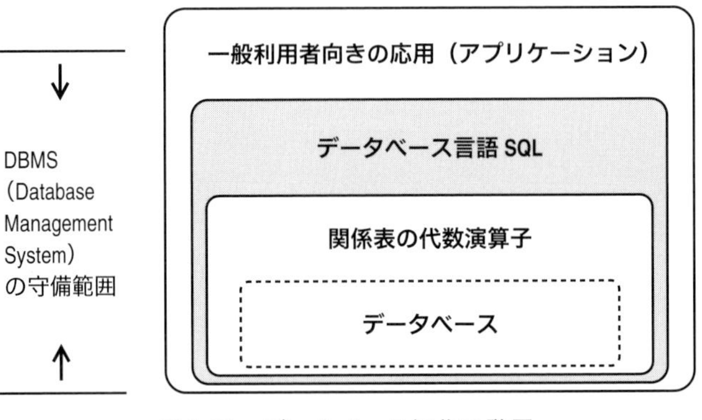


図3.30　データベース操作の階層

### 3.4.2　SQL言語

JISデータベース言語SQL〔JIS SQL 1987～〕（以下，SQL言語と略す）はその名前の通り，データベースを操作するための言語で，関係代数に足りないデータ操作機能をそろえている．しかし，SQL言語は応用そのものを実装するための言語ではなくて，利用者インタフェースと関係モデルとの間をつなぐ重要な中間言語の役割を果たしている．現実のデータベースシステムは，さらに一般利用者に使いやすいインタフェース（界面）をあたえて，そのシステムに引きつける．こうしたシステムでは，利用者インタフェースで利用者が表現した問合せを直接実行するだけではなくて，SQL言語の文に書き直す方式もある．

SQL言語は，1969年の開発当初は**SEQUEL**（Structured English Query Language）といい，データベースに端末から直接簡単な質問をする問合せ言語（query language）として設計されていた．わが国ではqueryを「照会」といっていた時期があり，今でもそのなごりがあるが，ここでは「問合せ」という．SEQUEL には情報検索システムの利用者言語の色合いが濃く残っていた．その後，扱う機能がだんだん膨らんできて，名称はただの SQL（頭字語ではないと明記してある）になった反面，単なる問合せ言語とはとてもいえない大規模な言語に成長し，1987 年には国際規格（ISO 規格）や日本工業規格（JIS）が制定された．SQL 言語の仕様書はぼう大なページ数にのぼり，これを問合せに直接使う利用者層は少なくなりつつあると考えられる．SQL 言語の解説そのものは専門の参考書に譲り，ここでは本章で触れた関係表の代数の関連機能が SQL 言語の機能としてどう規定されているかを，ごく簡単に説明するにとどめる．この後の章でも，SQL 言語による書き方を例示することがあるが，あくまでも例を示すだけである．

### 3.4.3 SQL 言語の機能

**2.4** で触れたように，関係モデルは集合を基本にしており，集合の中に同じ行は一つしかない．SQL 言語は，多重（マルチ）集合を基本としていて，集合の中に同じ行が複数あってもよい．ふつうの集合でも多重集合でも，演算の結果は同じことが多いが，あえて多重集合を対象とする演算を要求する場合には，演算式のなかにその旨をキーワードで明記する．

データベースのライフサイクル CRUD（**1.2**）のうちで関係代数がおもに扱うのは R の機能である．関係表や列の定義，値の入力や変更，データベースの計算，出力などの機能は，SQL 言語が分担する．

SQL 言語の文は，**データ定義文**，**データ操作文**，**データ制御文**に大別される．文の中に，集合を対象とする関数を指定することもできる．

① データ定義文

**CREATE**, **ALTER**, **DROP** の三つの文がデータ定義の機能を担当する．まず，CREATE 文で関係表の枠組み，列の名前やデータ型などを定義する．

CREATE SCHEMA 文は，SQL 言語によるデータベース全体の定義を行う．

CREATE TABLE 文は，新しい関係表とその列を定義する．

CREATE VIEW 文は，視野表（**5.4**）を定義する．

CREATE TABLE 文はおよそ次のように書く．

```
CREATE TABLE　関係表名（列名　データ型，…，列名　データ型）；
```

図 3.22 の顧客表を定義する例を以下に示す．

```
CREATE TABLE 顧客表
(顧客番号　CHAR(3) NOT NULL,
 氏名　　　VARCHAR(12),
 住所　　　VARCHAR(12));
```

ここで，CHAR(3) は 3 文字の文字列，VARCHAR(12) は可変長で最大 12 文字までの文字列を意味する．CHAR や VARCHAR はデータ型であり，**2.3** で触れたように，定義域はこうしたデータ型の水準がいいという意見もある．

**ALTER** TABLE 文は，関係表に新しい列を追加したり，表名を変更したり，列名を変更するなどの機能をもつ．

**DROP** TABLE 文は存在する表を削除する．DROP VIEW 文は視野表（**5.4**）を削除する．

②　データ操作文

関係表を読んだり，新しいデータを書き込んだり，変更したりする．**SELECT**，**INSERT**，**UPDATE**，**DELETE** の四つの文がこの機能を担当する．

**SELECT** 文は，単に関係表を読むだけではなくて，一つ以上の表からデータを検索したり，データベースに質問（問合せ，**照会**）をすることができ，この文だけで複雑な関係代数演算を含む問合せを全てまかなう．データベース言語 SQL の中心をなすデータ操作文である．

SELECT 文はおよそ次のように書く．

```
SELECT　表名 . 列名，…, 表名 . 列名
FROM　　表名，…, 表名
WHERE　 条件 ;
```

典型的な SELECT 文の例を示す．

```
SELECT　氏名，現住所
FROM　　社員表
WHERE　 年令 less 20;
```

図 3.23 (b) の右そと結合に対応する SELECT 文の例を示す.

```
SELECT*
FROM 顧客表LEFT JOIN 売上票 ON 顧客番号 = 客番号;
```

INSERT 文は, CREATE 文で枠組みを定義した関係表に新しい行を書き込む. 大量のデータを外の世界から関係表へ直接入力する補助手段(文字列をコピーする, ほかのソフトウェアからまとめて書き写す)がいろいろありうるが, SQL 言語では, そこまでは規定しない.

顧客表に一行を書き込むINSERT 文の例を示す.

```
INSERT INTO　顧客表(顧客番号, 氏名, 住所)
VALUE(403, '植村'　'兵庫');
```

UPDATE 文は, 表の列の値を更新する. UPDATE（更新）とは, すでに存在する値を新しい値に変更することをいう. 複数の列の値をまとめて更新できるが, モデルとして, 行単位の更新しかできない.

社員番号401 の社員の所属を営業部に変更するUPDATE 文の例を示す.

```
UPDATE　社員
SET　　 所属='営業部'
WHERE　 社員番号=401;
```

DELETE 文は, 表から一つ以上の行を削除する. 削除は, 列に条件を指定して, 行単位に行う.

社員番号401 の社員の行を削除するDELETE 文の例を示す.

```
DELETE　FROM　　社員
WHERE　 社員番号=401;
```

### ③　データ制御文

**5.5** で扱う呼出し制御用 GRANT 文, REVOKE 文は, データ制御文と呼ばれる.

### ④　集合関数

関係表の内容をもとに集合演算を行う関数があり, 集合関数という. **SUM**（合計）, **MAX**（最大値）, **MIN**（最小値）, **AVG**（平均値）, **COUNT**

（総数）などの関数があり，それぞれに**ALL**（全て），**DISTINCT**（異なり），などの形容詞をつけることができる．図3.22の売上票（日付，顧客番号，品目番号，売上金額）に対して，SUM（売上金額）は9 000，DISTINCT COUNT（日付）は2，ALL（COUNT（日付））は3，MAX（売上金額）は5 000である．次章では，関数という言葉が多く出てくるが，次章では，ここで使用されたごくふつうの関数とはやや異なる意味で用いる．

# データベースカフェ

**問 3.1** 次の関係代数演算はどんな演算か，それぞれ簡単に説明せよ．

(a) 選択　(b) 射影　(c) 結合　(d) 直積

**問 3.2** 関係データベースの結合演算において，結合相手の表に該当する行が存在しない場合ももとの行を削除せず，存在しない行を空値（ナル値）として結合を行い，結果を生成する操作として，適切なものはどれか．

(a) 自然結合　(b) $\theta$ 結合　(c) うち結合　(d) そと結合
(e) 左そと結合　(f) 右そと結合　(g) 両そと結合

［データベーススペシャリスト試験 2000 年 午前 設問 40 をもとに作成］

**問 3.3** 次の二つの関係表を自然結合により一つにまとめた結果を示せ．

所属表｛社員，部門｝

| 社員 | 部門 |
|---|---|
| 佐藤悠真 | 研究 |
| 鈴木結菜 | 経理 |

部門表｛部門，責任者｝

| 部門 | 責任者 |
|---|---|
| 研究 | 田中正定 |
| 経理 | 高橋清 |

**問 3.4** 三つの関係表がある．納入表は，ある期間中にわが社がどんな商品を誰に納入したかを示す．商品表はそれぞれの商品に関する詳細情報を，顧客表はそれぞれの顧客に関する詳細情報を示す．下線部は主キーを表す．この三つの関係表から，わが社が商品を納入した顧客の，顧客名と商品名とを知りたい．この計算に必要な関係代数演算について説明せよ．

納入（<u>商品番号</u>，<u>顧客番号</u>，納品数量）

商品（<u>商品番号</u>，商品名，仕様）

顧客（<u>顧客番号</u>，顧客名，住所）

四則演算は優先順位を守って実行していけば，いつも正しい結果をもたらすが，0で割ったりすると，そこで演算の意味がなくなってしまう．

では，関係表の演算は，どのような順番で実行しても，常に正しい結果をもたらすのだろうか．そうでないとしたら，どのようなことに注意すればよいかを，次章で述べる．

# 第4章
# 関係表の正規化

**関係表はどうまとめればよいか．扱いやすくて誤り発生の恐れが少ない関係表を作るにはどうすればよいのか．本章は，昔から経験的に知られてきたいくつかのデータベースの設計指針が，なぜそうであったかを明らかにしていく．**

## 4.1　正規形がめざすもの

データベースの代数で学んだ演算は，関係表から，結果の新しい関係表を作り出すことができる．関係表は常に集合であるから，これを繰り返して，もとの情報から新しい情報を作り出していく．本章では，次の点に重点を置きながら，関係表の性質を考えていく．

① 「もの」や「つながり」を表現する単純でまとまった関係表を作るにはどうすればいいか．

② 関係表の内容を更新するときに，扱いやすい関係表，煩雑な関係表はあるか．あるとすれば，どうすればそれを避けられるのか．関係表の正規化とはなにか．

③ 演算を組み合わせても，常に正しい結果が得られるわけではない．それでは，正しい結果を生む演算の条件とはどのようなものなのか．

## 4.2　結合のわな

**図 4.1** の選手表は 3 列の関係表である．厳密には，選手名という列名の代わりに，選手番号といった列名にし，識別番号を使うべきであるが，ここでは簡単のために選手名，所属，出身という列にしている．この図中には，同じ名前の選手や同じ名前の球団はないものとする．まず，それぞれを射影して，2 列の関係表を作る．この操作を**関係表の分解**という．三つの関係表はいずれも正しい関係

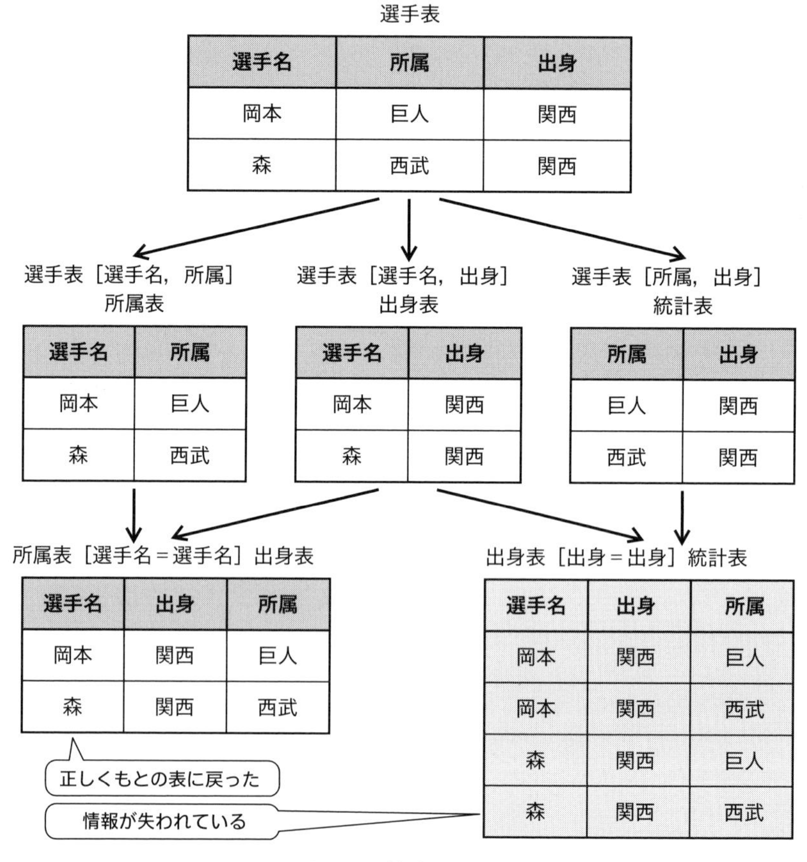


図 4.1　結合のわな

表であるが，意味があいまいになっている関係表もある．次にこの三つの関係表のうちから二つを選んで結合すると，もとの関係表に正しく復元できる場合と，できない場合がある．選手名列による結合が明解な意味をもっているのは，選手名が一人の選手（一つのもの）を識別する役割をもっているからである．選手名がわかると，その選手の所属や出身もわかる．

最後の 出身表［出身＝出身］統計表 という結合演算では，統計表というあいまいな関係表の出身という列がいたずらをして，もとの表よりも大きい表を作り出してしまっている．表が大きくなると情報量が増えることもあるが，この例では表が大きくなって，もとの表の情報が失われてしまっている．出身という列の値を与えられても，「どの球団か」「どの選手か」わからないままに，結合するためである．こうしたあやまった結合を**結合のわな**と呼ぶ．

関係表 $R$ を射影して結合すると，もとの関係表 $R$ を復元できるような射影のことを，**無損失結合分解**（loss-less join decomposition）という．図 4.1 が教えてくれることは，無損失結合分解を実現するためには，「もの」や「つながり」ごとに関係表を作り，各行を識別する列（**キー**と呼ぶ）を中心に表を構成し，結合の手がかりとしてこうした列を使うように気をつけることである．すなわちキー同士による結合は無損失結合分解になる．

## 4.3　汎関係の表

ある学校が全学データベース構築を目指して準備を始めた．担当者は，論理設計の手始めに，データベースに格納したい情報を列挙してみた．

「もの」として，学生，教員，職員，科目，「つながり」として，成績などが考えられる．次の段階では，それぞれの「もの」や「つながり」の属性を整理する．関係表にするときには，そうした属性ごとに一つの列を用意することになる．

学生に関する情報として，学生番号，学生名，現住所，
科目に関する情報として，科目番号，科目名，教員番号，開催時間，
教員に関する情報として，教員番号，教員名，教員室，
成績に関する情報として，学生番号，科目番号，成績，

事務職員に関する情報として，事務職員番号，事務職員名，現住所，

⋮

こうした項目を拾い出してまとめていく作業は，かつてデータベース設計者の経験に任されていたが，データベースの関係モデルと正規化の理論では，なぜそのようにしたのかという具体的な指針を明らかにしている．

まず全ての列をまとめた一つの大きい関係表を想定して，それをいくつかの扱いやすい関係表に分解していくことを考える．データベースの全ての情報をまとめた 1 枚の関係表を**汎関係の表**と呼ぶ．1 枚の表で世の中の全ての情報を記述できるのなら，表に名前を付ける必要はなくなる．それでは，列挙した列の中から簡単のために，次の列を抜き出して，1 枚の関係表にまとめてみよう．

学生番号，学生名，現住所，科目番号，科目名，教員番号，教員名，成績

同姓同名の学生がいる可能性があるので，学生一人ひとりを識別する学生番号（学生証番号）という列も準備する．**図 4.2** の科目番号，教員番号も同じである．～番号という列が多いが，識別番号さえあれば十分というわけではない．学生番

| 学生番号 | 学生名 | 現住所 | 科目番号 | 科目名 | 教員番号 | 教員名 | 成績 | |
|---|---|---|---|---|---|---|---|---|
| 0001 | 夏目 | 東京 | 001 | 英語 | 101 | 小泉 | 90 | (1) |
| 0001 | 夏目 | 東京 | 005 | 数学 | 102 | 山嵐 | 95 | (2) |
| 0001 | 夏目 | 東京 | 007 | 国語 | 105 | 正岡 | 80 | (3) |
| 0002 | 幸田 | 神奈川 | 005 | 数学 | 102 | 山嵐 | 80 | (4) |
| ~~0002~~ | ~~幸田~~ | ~~神奈川~~ | ~~004~~ | ~~理科~~ | ~~201~~ | ~~幸田~~ | ~~75~~ | (5) |
| 0003 | 泉 | 埼玉 | | | | | | (6) |
| | | | 008 | 独語 | 301 | 緒方 | | (7) |
| … | | | … | | | | … | |

図 4.2　全てを 1 枚にまとめた汎関係表

号 0002 と教員番号 201 は，同じ幸田という名前であるが，これが同じ人を指しているかどうかは，実はわからない．そのあたりは，データベース管理者がしっかりと見極めて設計しなければならない．

表の各行に（1），（2）……とあるのはデータベースのデータではなくて，表にその行を記入していった順番を示している．なお，関係モデルでは，表を行単位で書いていき，行の一部分だけを書いたり消したりすることは考えない．

行（7）までデータを書き込んだ段階で，この関係表の扱いにはいくつかの煩わしさがあることがわかる．行（1）から（3）は，「東京に住む学生番号 0001 の夏目」という学生の情報で，夏目君が「教員番号 101 の小泉先生が教える科目番号 001 の英語で 90 点という成績を獲得した」ことなど，三つの科目でそれぞれに取得した成績が書いてある．科目が異なるので，3 科目で 3 行になっている．

しかし，同じ夏目君に関する学生番号や現住所の情報が 3 回も繰り返し出てくるのは，冗長であるし，操作の無駄も発生する．例えば，このままの入力方法だと，夏目君の住所が東京から神奈川に移転すると，3 行の現住所列をそれぞれ書き直さなければならないことになる．

行（5）は一度入力したが，成績の採点に間違いがあったため取り消すと担当教員から連絡があった場合を示している．1 行全体を削除するので，この過程で理科の成績だけではなくて，幸田先生に関する情報も同時に消えてしまう．なぜなら，幸田先生に関する行がほかにないためである．学生の幸田君の学生番号や現住所は，行（4）があるから，データベースに残る．1 行全体ではなくて，科目番号から成績の列までの値を，外結合で学んだ**空値**（ナル値）にするという方法も考えられるが，科目番号のような識別情報の値が空になるのは困るし，成績が空値になっていると，平均値の計算にも困る．

行（6）は，泉君という新入生が入学したという情報を記入しようとしているが，まだどのような科目を履修するか決まっていないので，科目に関する情報や成績を記入できていない．これでは，また空値に頼るほかないだろう．この場合の空値は，「そのうちに決まるが，まだ確定していない」ことを意味する．しかし，科目番号や教員番号のように大切な識別情報の列に空値が出てくるとデータベースの管理者は困るだろう．行（7）は，新規採用されることになった緒方先生の情報を記入しようとしているが，担当科目が決まっていても，履修者がまだ決まっていないので，学生の部分に空値を記入せざるをえない．

行単位に入力するのではなく，学生の部分はその部分だけとりあえず入力しておくという方法も考えられるが，それだと残りの列にどのような値を入力しておくべきか，未定という意味の空値を設定しておくか，といった同じ課題に直面する．

## 4.4　関数従属性 FD による分解

世の中の森羅万象を1枚の表にしてしまうと，未知や不適などといった正体のわからないものを表す空値の場所がやたらたくさん発生することは，想像に難くない．汎関係の表は，複数のものに関する情報が混在しているので，あちこちに値を埋めきれない場所が発生したり，値の重複が現れるなどの現象が発生したりして，扱いにくい．学生というもの，科目というもの，学生と科目とのつながりである成績，そうしたものは別の表に分けたほうが扱いやすいのではないか．

行（1）から行（3）に見える冗長な部分は，学生番号が決まると，その番号の学生名，現住所がただ一つだけ，あいまいさなく決まるにもかかわらず，それを繰り返し書いている．値がただ一つだけ決まるということを「一意に決まる」または「一意に識別する」という．これはプログラム言語の変数の名前などではおなじみの概念である．ここでは，その列に現れる可能性がある値の集合の中で，どれか一つの値があいまいさなく決まるという意味で用いられる．関係モデルではこの性質を**関数従属性**（**FD, functional dependency**）といい，→(矢印）で表す．関係表 $R$ の列 $X$, 列 $Y$（複数の列の集まりであってもよい）について，列 $X$ の値が決まると列 $Y$ の値が一つだけ決まるとき，列 $X$ は列 $Y$ の値を関数的に決めるとか，列 $Y$ は列 $X$ に**関数従属**しているといい，列 $X$→列 $Y$ と書く．関数従属性の左辺を**決定項**（determinant）という．

　　$FD_n$：列 $X$→列 $Y$

ただし，$FD_n$ はこの関数従属性を参照するときの標識で，関数従属性の本文ではない．$FD_n$ のほかに，$MVD_n$（多値従属性）という標識も使う．

$FD_1$：学生番号→学生名

$FD_2$：学生番号→現住所

$FD_1$ は，学生番号が決まると学生の名前が一つだけ決まるという意味である．$FD_2$ は，もう一つの関数従属性である．$FD_1$，$FD_2$ をまとめて，

$FD_3$：学生番号→{学生名, 現住所}

と書いてもよい．これは自明であろう．矢印の右辺に列 $X$→{列 $Y$, 列 $Z$} とある場合には，決定項である列 $X$ の値が列 $Y$ や列 $Z$ の値を決めるという意味になる．コンマは略して列 $X$→{列 $Y$ 列 $Z$} とか，かっこも略して，列 $X$→列 $Y$, 列 $Z$ などと書くこともある．$FD_3$ から関係表をまとめよう．$FD_3$ を構成する列 {学生番号, 学生名, 現住所} をまず抜き出して，例えば学生表という名前を付けて一つの関係表としてくくり出す．関数従属性の右辺に関係表の残りの全ての列が現れるとき，その決定項を**キー**（key）といい，下線を引いて示す．一つの関係表にキーは複数ありうるので，そのうちの一つを選んで，**主キー**（primary key）という．学生表では，学生番号の値が決まると，表のほかの全ての列の値がただ一つ決まるので，学生番号はキーである．学生表をくくり出すときに，残りの表との関連付けが必要なので，決定項（この場合は学生番号）を残りの表にも置いて，二つの表に関連を付ける．キーについては，**4.5** で再説する．

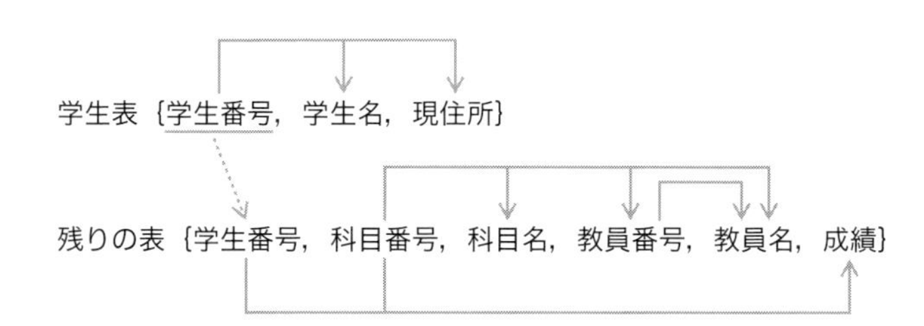


残りの列からなる表について見てみると，（一つの科目を一人の教員が担当する学校なので）科目に関連して，

$FD_4$：科目番号 → {科目名, 教員番号, 教員名}

という関数従属性があり，この右辺の属性のなかにさらに，

$FD_5$：教員番号 → 教員名

という関数従属性を観測できる．まず，この $FD_5$ をもとに，教員表という名前

の関係表をまとめる.

　　教員表 {教員番号, 教員名}

先と同様に, 決定項の教員番号は残りの関係表にも残すように $FD_4$ を修正する.

　　$FD_6$：科目番号 → {科目名, 教員番号}

これは科目の情報であるから, 科目表という名前を付けてひとまとめにし, 決定項の科目番号だけは関連付けのためにさらに残りの関係表にも引き渡すように $FD_4$ を $FD_7$ に修正する. 成績表は, 最後に残った $FD_7$ から構成される関係表である.

　　科目表 {科目番号, 科目名, 教員番号}

　　$FD_7$：{学生番号, 科目番号} → 成績

から,

　　成績表 {学生番号, 科目番号, 成績}

となる.

$FD_7$ は, 関数従属性の左辺（決定項）が二つの列からなることを示している. これを, {列 $X$, 列 $Y$} → 列 $Z$ などと書き, 列 $X$ の値と列 $Y$ の値とが決まると, 列 $Z$ の値が決まることを意味する（**4.5**). ここでは学生番号と科目番号とが決まると, 成績が決まるという関数従属性が観測できるだけなので, 分解は以上で終わる.

こうして, もとの大きい表は, 四つの表に分解できた.

　　学生表 {学生番号, 学生名, 現住所}

　　教員表 {教員番号, 教員名}

　　科目表 {科目番号, 科目名, 教員番号}

　　成績表 {学生番号, 科目番号, 成績}

4 枚の関係表の例を**図 4.3** に示す. 4 枚の関係表のうちの 3 枚は, それぞれ学生, 科目, 教員というものを定義しており,「もの」には識別番号がついていて, 関係表には, 識別番号 → 表の残りの全ての列という関数従属性だけがある. キー列の値は, 空値などは含まず常に明確であり, 一つの行を明確に識別している. これを**キー一貫性**（key integrity）という.

成績表のキーは, {学生番号, 科目番号} である. この二つの列は, それぞれ学

学生表

| 学生番号 | 学生名 | 現住所 |
|---|---|---|
| 0001 | 夏目 | 東京 |
| 0002 | 幸田 | 神奈川 |
| 0003 | 泉 | 埼玉 |

科目表

| 科目番号 | 科目名 | 教員番号 |
|---|---|---|
| 001 | 英語 | 101 |
| 005 | 数学 | 102 |
| 007 | 国語 | 105 |
| 004 | 理科 | 201 |
| 005 | 数学 | 102 |
| 008 | 独語 | 301 |

教員表

| 教員番号 | 教員名 |
|---|---|
| 101 | 小泉 |
| 102 | 山嵐 |
| 105 | 正岡 |
| 201 | 幸田 |
| 301 | 緒方 |

成績表

| 学生番号 | 科目番号 | 成績 |
|---|---|---|
| 0001 | 001 | 90 |
| 0001 | 005 | 95 |
| 0001 | 007 | 80 |
| ~~0002~~ | ~~004~~ | ~~75~~ |
| 0002 | 005 | 80 |

図 4.3　四つの正規形の関係

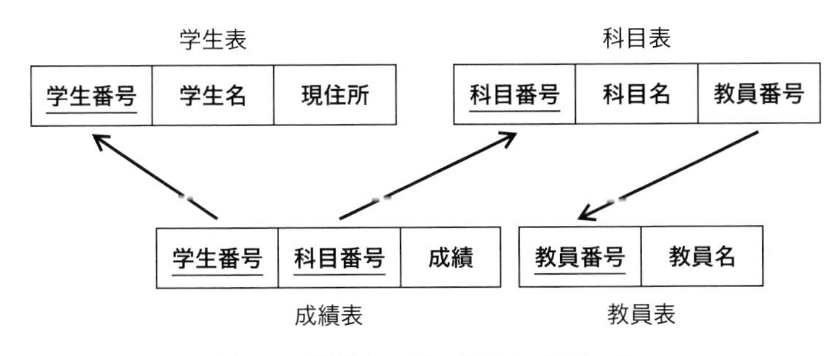


図 4.4　関係表の列の間のむすびつき

生表，科目表のキーであるが，成績表は単独ではキーにならず，二つの列の値がそろって，初めてキーになる．自分自身の表では単独のキーにならないが，別の表でキーになっている列を**外部キー**（foreign key）という．「外部キーの値は，別の表のどこかにキーとして現れなければならない」という制約を**参照一貫性**（referential integrity）という．**図 4.4** の矢印は，外部キーが参照する本来のキーを示す．

これらの関係表は，本章のはじめにあった汎関係表にみられる不都合を解消できる．学生表，科目表，教員表に新しい行を書き込む場合には，キー値の重複がないように注意して実行する．すでにある行を削除する場合には，学生表，科目表から削除する行のキー値が成績表に現れていないかどうかを調べ，もしあれば，その行も削除する必要がある．教員表から行を削除する場合には，キー値が科目表に現れていないか，もしあればその科目をどう扱うか，慎重に検討する必要がある．逆に，成績表に新しい行を書き込む場合には，その新しい行のキー値が学生表，科目表に存在することを確認してから実行する．成績表にすでにある行を削除する場合には，とくになにもせずに削除すればよい．このように，「もの」を表現する関係表と，「つながり」を表現する関係表とは，データ操作に違いがあるので，注意が必要であるとともに，データベース更新時には，これらの情報を活用できるという利点もある．

成績表は，学生と科目という二つのものの間にある成績という「つながり」を表現していることがわかるが，成績は「つながり」ではなくて，それ自体が独立した「もの」であると考えることもできる．どちらにしても，関係モデルにおいては関係表で表す．

この 4 枚の関係表のように，全ての決定項がキーである関係は**ボイスコッドの正規形**（**BCNF**, Boyce Codd Normal Form）であるという（**4.6.4**）．こうした関係表はまとまったものやつながりに関する情報を表現しており，情報の追加削除に余計な煩わしさがない．実はボイスコッドの正規形は，**2.2** で触れた第 1 正規形から連なる**第 3 正規形**（3NF, Third Normal Form）の改訂版である．

しかし図 4.4 は，ボイスコッドの正規形であると同時に第 3 正規形にもなっている．これを議論する前に，キーについてもう少し詳しく見ていこう．

## 4.5　キーの性質

列 $X$, 列 $Y$, 列 $Z$ は関係表 $R$ の列とする（列の集まりであってもよい）. 次の二つの条件を満足する列 $X$ を関係表 $R$ の**キー**（key）あるいは**キー候補**（candidate key）という.

① 列 $X$ の値が決まると，どの行であるかが決まり，その行の残りの全ての列の値がそれぞれ一つだけ決まる.

② 列 $X$ からいずれか一つでも列を除くと，①の性質が失われる.

①が成立するとき，列 $X$ にほかの列 $Z$ を加えても，{列 $X$, 列 $Z$} → {列 $Y$, 列 $Z$} が成立する. これは自明であろう. 学生番号 → {学生名, 現住所} なら，両辺に学生名や現住所を追加して，

{学生番号, 学生名} → {学生名, 現住所}

{学生番号, 学生名, 現住所} → {学生名, 現住所}

となるが，左辺の列の集まりはいずれも決定項である. ②は，その中で最小のものをキー（または，キー候補）とする. この例では，学生番号だけがキーである. 二つの条件のうち，第 2 の条件（必要最小限の列であること）を外したものを，**大キー**（super key）という. {学生番号, 学生名} は，大キーである. super key は過度な，あるいは過多なキーという意味で，訳語としては，大キーのほかにスーパキー，超キー，過大キー，過多キーなども使われている.

関係表には，キーの性質をもつ列が複数ありうる.

学生番号 {学生番号, 個人番号, 氏名, 現住所}

学生番号や，個人番号（社会保障・税番号制度によるマイナンバー）は，いずれもキーになりうるので，**キー候補**である. データベース管理者が，そのうちの一つを**主キー**（primary key）に指定する. すでに見てきたように，自分の関係表ではキー候補でないが，別の関係表で主キーになっている列を**外部キー**（foreign key）という.

関係 $R$ に関数従属性の集まりが与えられたとき，そこから全ての正しい関数従属性を導き出すには，どうすればいいだろうか. 列 $X$, 列 $Y$, 列 $Z$ は，関係 $R$ の列であるとするとき，次のような推論則が成り立つ.

① **再帰律（反射律ともいう）**――列 $Y$ が列 $X$ の部分集合であれば，列 $X \rightarrow$ 列 $Y$ が成立する．これは常に成立するから，**自明な関数従属性**であるとか，自明であるという．

例．{学生番号, 学生名} → 学生番号　学生番号 → 学生番号

② **追加律**――列 $X \rightarrow$ 列 $Y$　なら，｛列 $X$, 列 $Z$｝→｛列 $Y$, 列 $Z$｝　が成立する．関数従属性の両辺に同じ列を追加しても，関数従属性が成立する．

例．学生番号 → 学生名　なら，｛学生番号, 現住所｝→｛学生名, 現住所｝

③ **むすび律**――列 $X \rightarrow$ 列 $Y$ かつ列 $X \rightarrow$ 列 $Z$　なら，　列 $X \rightarrow$ ｛列 $Y$, 列 $Z$｝が成立する．これまでにも使ってきた．これも自明である．

例．学籍番号 → 氏名, 学籍番号 → 住所　なら，　学籍番号 → 氏名, 住所

④ **推移律**――列 $X \rightarrow$ 列 $Y$ かつ列 $Y \rightarrow$ 列 $Z$　なら，　列 $X \rightarrow$ 列 $Z$ が成立する．関数従属性は推移する．

例．学生番号 → 現住所　であり，現住所 → 郵便番号　なら，　学生番号 → 郵便番号

⑤ **擬推移律**――列 $X \rightarrow$ 列 $Y$ かつ ｛列 $Y$, 列 $W$｝→ 列 $Z$ のとき ｛列 $X$, 列 $W$｝→ 列 $Z$ が成立する．列 $X \rightarrow$ 列 $Y$ の両辺に列 $W$ を追加して，｛列 $X$, 列 $W$｝→｛列 $Y$, 列 $W$｝→ 列 $Z$.

例．今は死語になりつつあるたこ足大学などがその例の一つである．学生番号 → 学部，｛地域名, 学部｝→ 所在地　のとき，　｛学生番号, 地域名｝→ 所在地.

⑥ **減少律**――列 $X \rightarrow$ 列 $Y$ かつ列 $Z$ が列 $Y$ の部分集合であるとき，列 $X \rightarrow$ 列 $Y \rightarrow$ 列 $Z$ であるから，列 $X \rightarrow$ 列 $Z$.

例．学生番号 →｛学生名, 現住所｝　なら，　学生番号 → 現住所.

関数従属性の集合 $F$ が論理的に含んでいる全ての関数従属性の集合を $F$ の**閉包**（closure）といい，$F^+$ で表す．$F$ を与えられて，$F^+$ に含まれる関数従属性だけを作り出す公理系は，健全であるといい，$F^+$ に含まれる全ての関数従属性だけしか作り出さない公理系は完全であるという．アームストロングは上記の①，②，④の三つの推論則からなる公理系を示して，それが健全であり，完全であることを論じた〔Armstrong, 1974〕.

# 4.6　第2正規形からボイスコッドの正規形へ

## 4.6.1　キー列と非キー列

第1正規形（**2.2**）に始まるコッドの提案は，第2，第3正規形，ボイスコッド正規形（BCNF）の議論を経て，途中の回り道も含めながら深化していった．第1正規形あるいはただの正規形の関係表は，表のどの行のどの列にもそれぞれ一つの値だけがあるものを指していた．一つの値とは，モデルとして原始的な値という意味であり，関係表のある行のある列の中にまた関係表が含まれるようなものは考えない．これは，関係表の議論を単純にするための制約であって，これから議論する第2正規形以後の関係表とは質が違う制約である．

第1正規形の関係表には，キーを構成する列とどのキーにも含まれない列とがある．関係表では，キーが複数の列から構成されることもあるし，一つの関係にキーが複数存在することもまたある．そうしたキーを構成する列のことを**キー列**という．キー列に含まれない列を**非キー列**という．関係表には，値が同じ行は複数存在しないため，全ての列の集まりは常にキーになる．多重集合では，見かけ上では同じ行が複数ありうる．表ごとに行番号のような列を設定して（あるいは自動的に生成されて），それで各行を一意に識別できるようにする方式もある．

正規化理論の出発点では，キー列が複数の列からなるとき，その一部の列が非キー列を決めるような関数従属性を取り除いた関係表は第2正規形であり，非キー列の間での関数従属性を取り除いた関係表は第3正規形であるとされた．しかし，全部の列がいずれかのキーの構成要素になっている関係表には，非キー列というものがない．キー列，非キー列という最初の分類が無意味であった．そのため，あとになって，第3正規形を修正したボイスコッド正規形が提案された．

## 4.6.2　第2正規形

第1正規形の関係表には，キー → 非キー列 という関数従属性が常に存在する．しかし，よく観察するとそれほど単純でない場合が見つかる．例えば，複数の列からなるキーで，その一部の列がほかの関数従属性の決定項になることがある．**キー分割**と呼ばれる型である．図4.2を単純にした例を**図4.5**に示す．

| 学生番号 | 科目番号 | 科目名 | 成績 |
|---|---|---|---|
| 0001 | 101 | 国語 | 80 |
| 0001 | 102 | 数学 | 90 |
| 0002 | 101 | 国語 | 65 |

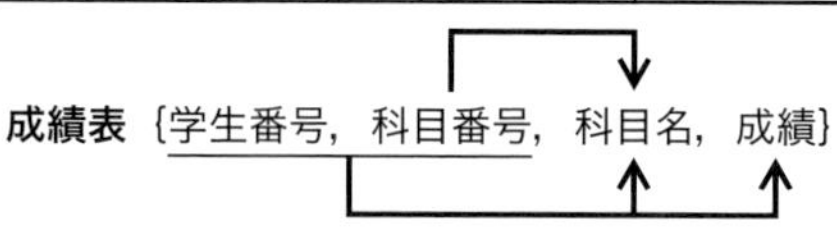


図 4.5　第 2 正規形でない関係表（第 1 正規形である）

図 4.5 の関係表にある関数従属性は次による．

$FD_1$：科目番号 → 科目名

$FD_2$：{学生番号, 科目番号} → {科目名, 成績}

この関係表には，情報更新（変更）時の煩わしさがある．

(1) 科目番号と科目名との対応が繰り返し現れるので，更新（例えば，科目名を変更するなど）が面倒で，首尾一貫しなくなる可能性がある．

(2) まだ受講生が決まっていない（成績のつけようがない）科目の扱いが困難である．

そこで科目番号，科目名の二つの列をくくり出して一つの表にする．そのとき，決定項の科目番号を残して，残りの列を別の関係表にする（**図 4.6**）．

科目表 {科目番号, 科目名}

成績表 {学生番号, 科目番号, 成績}

関係表は 2 枚になり，列数の合計は 4 から 5 に増えた．しかし，科目番号と科目名との対応は 1 回だけ現れ，もとの関係表に見られた更新時の煩雑さを解消できた．こうしてできた関係表は**第 2 正規形**であるという．

列 $X$ が列 $Y$ に含まれるか，列 $X$ と列 $Y$ とが同じとき，列 $X$ は列 $Y$ の部分集合である．列 $X$ と列 $Y$ とが同じであることは認めないとき，列 $X$ は列 $Y$ の真部分集合という（**2.2**）．

列 $X$ → 列 $Y$ が成立していて，列 $X$ のいかなる真部分集合列 $X'$ についても列

科目表

| 科目番号 | 科目名 |
|---|---|
| 101 | 国語 |
| 102 | 数学 |

成績表

| 学生番号 | 科目番号 | 成績 |
|---|---|---|
| 0001 | 101 | 80 |
| 0001 | 102 | 90 |
| 0002 | 101 | 65 |

図 4.6　第 2 正規形の表（第 3 正規形でもある）

学生表 2

| 学生番号 | 所属学部 | 所在地 |
|---|---|---|
| 0001 | 101 | 国語 |
| 0001 | 102 | 数学 |
| 0002 | 101 | 国語 |

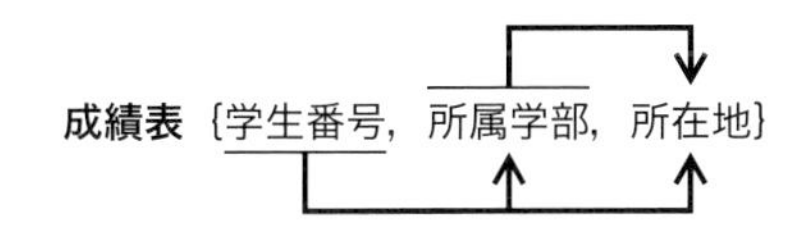


図 4.7　第 2 正規形ではあるが第 3 正規形でない

$X \to$ 列 $Y$ は成立しないとき，列 $Y$ は列 $X$ に**完全関数従属**（fully functionally dependent）であるという．第 1 正規形の関係表 $R$ の全ての非キー列がキー候補に完全関数従属しているとき，$R$ は**第 2 正規形**であるという．

### 4.6.3　第 3 正規形

非キー列の中に，関数従属性が存在する場合もある．**図 4.7** では簡単のために，一つの学部の所在地は 1 か所であるとする．この関係表のキーは，学生番号だけである．しかし，非キー列の間に関数従属性 $FD_2$ があり，ここにも同様の更新の煩わしさがある．

$FD_1$：学生番号 → {所属学部，所在地}

$FD_2$：所属学部 → 所在地

(1) 学部に所属する学生の人数分だけ，所属学部と所在地の繰返しが発生する．変更が面倒で，首尾一貫しない変更をしてしまう可能性がある．

(2) 新しくてまだ学生がいない学部の扱いに困る．

そこで $FD_2$ の二つの列，所属学部，所在地をくくり出して一つの関係表にし，もとの関係表には決定項の所属学部を残して，残りを別の一つの関係表にする．

学部表 {所属学部，所在地}

所属表 {学生番号, 所属学部}

関係表 $R$ {列 $X$, 列 $Y$, 列 $Z$} について，列 $X$ → 列 $Y$, 列 $Y$ → 列 $Z$ なら，列 $X$ → 列 $Z$ が成立する．これを**推移律**（**4.5**④）といい，列 $X$ → 列 $Z$ を推移的な関数従属性という．

学生表 2 {学生番号, 所属学部, 所在地} において，

学生番号 → 所属学部,

所属学部 → 所在地

であるから，

学生番号 → 所在地

という推移的な関数従属性が存在する．**図 4.8** では，これがなくなっている．

第 2 正規形の関係 $R$ のどの非キー列も，$R$ のキー候補に推移的に関数従属しないとき，$R$ は第 3 正規形である．

第 3 正規形にある問題を以下の例で示す．

学生の部活動を奨励している学校があって，学生は複数の部活動に所属できるものとする．一つの部活動（例えば陸上部）を複数の教員が担当することがあるが，学生は一つの部活動については一人の教員の指導を受けるものとする．また各教員が責任を持って担当するのは，それぞれ一つの部活動だけとする．学生名

学生表

| 学生番号 | 所属学部 |
|---|---|
| 0001 | 101 |
| 0001 | 102 |
| 0002 | 101 |

学部所在表

| 所属学部 | 所在地 |
|---|---|
| 101 | 国語 |
| 102 | 数学 |
| 101 | 国語 |

図 4.8　第 3 正規形の関係表

や教員名も必要であるが，簡単のために学生番号，部活動名，教員番号の三つの列だけからなる部活動表を考える．この三つの列の間には，次の二つの関数従属性を観測できる．

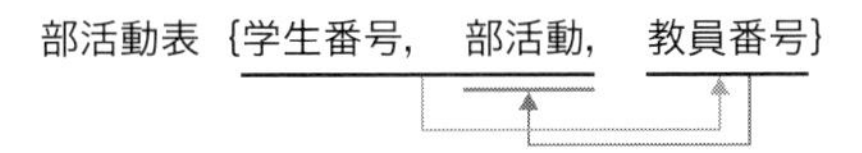


$FD_1$：{学生番号, 部活動} → 教員番号

$FD_2$：教員番号 → 部活動

$FD_1$ から，{学生番号，部活動} は決定項であり，キー候補である．$FD_2$ の両辺に学生番号を追加すると，

$FD_3$：{学生番号, 教員番号} → {部活動, 学生番号}

であるから，教員番号もキー候補の一部である．つまりこの関係表は全ての列がキー列で，非キー列がないから，このままでコッドが定義した第3正規形である．しかし，この関係表には，情報更新時の煩わしさが残っている．

(1) 教員が新たに担当する部活動が決まったとしても，学生がいなければ，表に書き込みにくい．書き込まないと，教員の担当する部活動がわからない．

(2) 学生がある部活動を退部して，行を削除したとき，もしこの部活動の最後の学生だったら，部活動と担当教官の情報が失われる．

そこでこの関係表は，教員番号 → 部活動を手がかりとして次の二つの表に分解すれば，(1)(2) の全ての問題を避けることができる．

学生部活表 {学生番号, 教員番号}

教員部活担当表 {教員番号, 部活動}

### 4.6.4　ボイスコッドの正規形

こうして，最初の第3正規形の定義には見落しがあることを発見した共同研究者の名前を冠して，**ボイスコッドの正規形**（**BCNF**：Boyce and Codd Normal Form）と呼ばれる正規形が生まれた．

自明でない関数従属性がある場合には，その全ての決定項が**大キー**である関係表はボイスコッドの正規形であるという．平たく言えば，「関係表に自明でない関数従属性が存在する場合には，その決定項は必ずキーでなければならない」という意味である．キーに起因する関数従属性だけが存在する関係表は BCNF であるといっている．関数従属性の研究は，その後多値従属性，結合従属性と進化していき，第 4 正規形，第 5 正規形が提案されたが，読者はのちにこの定義と同じような表現を目にされるであろう．

図 4.2 の汎関係には，例えば学生番号を決定項として，学生番号 → {学生名, 住所} という関数従属性がある．しかし，この関数従属性の右辺には，関係表の残りの全ての列を列挙できないから，学生番号はキー候補でない．図 4.3 の四つの表では，それぞれの表に観測される決定項が，いずれもその表の残りの全ての列の値を決めているから，キーになっている．したがって，図 4.3 のどの表もボイスコッドの正規形である．

ボイスコッドの正規形なら，キーばかりからなる関係表の場合でも，適切に処理できる．しかしこの分解では，部活動表 {学生名, 教員名} と部活動担当表 {教員名, 部活動} の二つに分解することになり，$FD_1$ {学生名, 部活動} → 教員名という関数従属性が失われている．分解の結果できた二つの関係表では，更新時の煩わしさが消えているが，学生名 → 教員名という関数従属性がなくなってしまっている．第 2 正規形，第 3 正規形では関数従属性が保存されていたが，ボイスコッド正規形では，それが保証されていない．このことから，正規化は最初の第 3 正規形までにとどめたほうがよいという議論もある．

### 4.6.5　正規形への分解手順

正規形を得る単純な方法の一つは，関数従属性をもとに表を**分解**していくことである．汎関係表から出発して，観測できる関数従属性を列挙し，その矢印の両辺を 1 枚の関係表にまとめて，くくり出していく．このとき，関数従属性の右辺にある列だけをもとの関係表から取り除き，左辺の列（決定項）はもとの関係表に残す．関数従属性ごとに，これを繰り返す．ただし関数従属性を構成する列が多くあり，さらにそれらが入れ子になっていたりするので，注意が必要である．分解する算法については，いくつかの提案がある［Kitagawa, 1996］．

列 $X$, 列 $Y$, 列 $Z$ は関係表 $R$ の任意の列（の集まり）であるとする．関数従属

性 列 $X \to \{$列 $Y$, 列 $Z\}$ が存在すれば，$R$を二つの方向 $\{$列 $X$, 列 $Y\}$ と $\{$列 $X$, 列 $Z\}$ とに射影して，列$X$に関して結合すると，もとの$R$ $\{$列 $X$, 列 $Y$, 列 $Z\}$ になる．つまり列$X \to$ 列$Y$, 列$Z$は，関数従属性による**無損失結合分解**の十分条件になっている．

## 4.7　第4正規形から射影結合正規形まで

### 4.7.1　多値従属性

学生が受講している科目や所属している部活動は，一つとは限らない．**図4.9**の関係表では，学生番号が決まると，その学生が受講している科目や所属している部活動は複数，つまり集合として決まる．(a) は，それを表しているが，関係モデルでは表の要素がまた表になっていることは考えないので，少し冗長になる．しかし，同じことを (b) のように表現することで，これを第1正規形と呼んできた．この関係表には，1行の全ての列の値の集まりが自分自身を決めるという自明な関数従属性があるが，学生番号が決まると，科目名や部活が一つだけ決まるという関数従属性は存在しない．受講科目は複数あるであろうし，部活などしない学生もいるかもしれない．

しかし，図4.9 (b) の学生表は科目名と部活という二つの独立したものを一つにまとめているので，そのままでは更新の煩わしさがある．それでは，部活が決まらない学生の部活列にはなにを記入したらいいのだろうか．ある部活動に加入している学生が退部するので，該当する部活の行を削除しようとすると，科目名まで消えてしまう恐れがあるのも困る．

図4.9 (b) を (c)，(d) のように，二つの方向に射影した関係表を**第4正規形**と呼ぶ．これで，更新のやりにくさを避けることができるし，二つの関係表を学生番号で結合すると，もとの関係表を再現できるという特性も期待できる．

学生表：受講科目表［学生番号＝学生番号］部活動表

関数従属性は，関係表が関数の表現であるという考え方を基礎にしていた．それに対し，コッドと同じ研究所に勤務していた**フェイガン**（R. Fagin）は**多値従属性**の概念を提案した［Fagin, 1977］．列が二つだけの関係表は，関数を表現し

| 学生番号 | 科目名 | 部活 |
|---|---|---|
| 011 | 英語 | 水泳 |
| | 応用数学 | 少林寺 |
| 012 | 国語 | 陸上 |
| | 基礎数学 | |

(a) 正規形でない表

| 学生番号 | 科目名 | 部活 |
|---|---|---|
| 011 | 英語 | 水泳 |
| 011 | 英語 | 少林寺 |
| 011 | 応用数学 | 水泳 |
| 011 | 応用数学 | 少林寺 |
| 012 | 国語 | 陸上 |
| 012 | 基礎数学 | 陸上 |

(b) 学生表（第 1 正規形）

| 学生番号 | 科目名 |
|---|---|
| 011 | 英語 |
| 011 | 応用数学 |
| 012 | 国語 |
| 012 | 基礎数学 |

(c) 受講科目表（第 4 正規形）

| 学生番号 | 部活 |
|---|---|
| 011 | 水泳 |
| 011 | 少林寺 |
| 012 | 陸上 |

(d) 部活動表（第 4 正規形）

図 4.9　第 4 正規形へ

ているか，そうでないかのいずれかである．また，関係表の全ての列を二つのグループに分けると，その一方からもう一方へ，関数従属性が成立するかしないかのどちらかである．そこで，関数従属性が成立しない場合を**自明な多値従属性**と呼ぶ．しかし，三つ以上の列の集まりに分けることができる関係表には，自明でない多値従属性が存在しうる．多値従属性の議論は，ここから始まる．

図4.9（b）の 学生表｛学生番号, 科目名, 部活｝ を見ると，学生番号011の学生の科目名は英語と応用数学，部活は水泳と少林寺であることがわかる．科目名が英語であっても応用数学であっても，部活は水泳であり，少林寺であって，科目名と部活とは互いに独立している．このとき多値従属性 学生番号 →→ 科目名｜部活 が存在するという．**多値従属性**は，→→ のように → を二つ使って表す．多値従属性が存在するかどうかは，列の意味だけではなくて，表の各行の値を個別に検討して判断しなければならない．

図4.9（b）の学生表の特長は，行｛$x, y, z$｝，｛$x, y', z'$｝が存在すれば，行｛$x, y', z$｝，｛$x, y, z'$｝も存在することである．学生表｛学生番号, 科目名, 部活｝の中に，｛011, 英語, 水泳｝，｛011, 応用数学, 少林寺｝という行があるのなら，｛011, 英語, 少林寺｝，｛011, 応用数学, 水泳｝もともに行になっている．

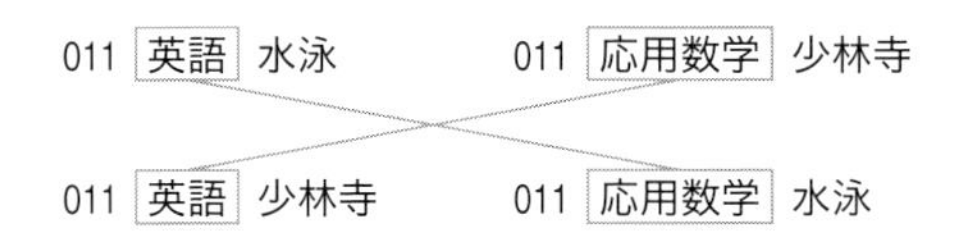


これは，学生番号に関して，科目名と部活とが互いに独立した事象であることを示している．このうちのどれかの行が欠けると，科目名と部活との間に，なにか特別な関連があるのではないかという誤った情報を与えてしまう．

ただ一つの部活動をしている場合には，$z$ と $z'$ が同じであるから，｛$x, y, z$｝と｛$x, y', z$｝が存在するだけでよい．

すなわち，

　　｛012, 国語, 陸上｝

　　｛012, 基礎数学, 陸上｝

がともに行なら，012の学生は，複数の科目を受講し，ただ一つの部活動をしていることになる．

関係表 $R$ {列 $X$, 列 $Y$, 列 $Z$} において，行 $\{x, y, z\}$ と $\{x, y', z'\}$ とがともに $R$ の行であれば，行 $\{x, y', z\}$ と $\{x, y, z'\}$ とがともに $R$ の行である場合，かつ，その場合に限り，$X$ は $Y$ と $Z$ を多値的に決める，あるいは多値従属性（MVD：multi-valued dependency）列 $X \to \to$ 列 $Y$ | 列 $Z$ が成立するという．図 4.9（b）では，学生番号→→{科目} | {部活} になる．これは，列 $X$ の値と列 $Z$ の値とが与えられると決まる列 $Y$ の値が，列 $X$ の値にだけ依存していて，列 $Z$ の値から独立しているという意味にもなる．

### 4.7.2　関数従属性と多値従属性

先の学校で，部活は一つだけしか参加できないとすると，学生番号 → 部活になる．この場合は，学生番号→→部活 | 科目が常に成立する．すなわち，関数従属性は，多値従属性の特別な場合である．両者の関連についてもう少し考えてみよう．

① 列 $X \to \to$ 列 $Y$ なら，列 $X \to \to$ {列全体から列 $X$ と列 $Y$ とを取り除いた残り，列 $Z$ とする} になり，X → → 列 $Y$ | 列 $Z$ と書く．

② 列 $X \to \to$ 列 $Y$ | 列 $Z$ は，列 $Y$ と列 $Z$ とが列 $X$ に関して互いに独立した概念であることを意味する．

③ 次の二つの場合は，常に多値従属性が成立するので，これを**自明な多値従属性**（trivial MVD）という．

（a）**列 $X$ → → 列** $Y$ | $\Phi$――$\Phi$ は列がないことを表す．関係表の列を二つの集まり $X$ と $Y$ に分けると，常に多値従属性が成立している．

（b）**列 $X$ が列 $Y$ を含む**――列 $X \to$ 列 $Y$ が成立するのだから，列 $X \to \to$ 列 $Y$ も成立する．

### 4.7.3　多値従属性の推論則

関数従属性と多値従属性を含めた推論則がまとめられている［BeeriFH, 1977］［Kitagawa, 1996］．列 $X$，$Y$，$Z$，$W$ は関係表 $R$ の列（の集まり）とする．

① **FD と MVD に関する複製律**――列 $X \to$ 列 $Y$ なら，列 $X \to \to$ 列 $Y$ が成立

する．$n$ 個の値を多値的に決める場合の，$n=1$ が関数的に決めるということである．

② **FD に関する再帰律**——列 $Y$ が列 $X$ の部分集合なら，列 $X \to$ 列 $Y$ が成立する．

③ **FD，MVD に関する増加律**——列 $X \to$ 列 $Y$ なら，{列 $X$, 列 $Z$}→{列 $Y$, 列 $Z$} が成立する．列 $X \to \to$ 列 $Y$ かつ列 $W$ が列 $Z$ の部分集合なら，{列 $X$, 列 $Z$} →→ {列 $Y$, 列 $W$} が成立する．

④ **FD，MVD に関する推移律**——列 $X \to$ 列 $Y$ かつ列 $Y \to$ 列 $Z$ なら，列 $X \to$ 列 $Z$ が成立する．列 $X \to \to$ 列 $Y$ かつ列 $Y \to \to$ 列 $Z$ なら，列 $X \to \to$ {列 $Z$ から列 $Y$ を取り除いた残りの列} が成立する．

⑤ **MVD に関する相補律**——列 $X \to \to$ 列 $Y$ なら，列 $X \to \to$ {列全体から列 $X$ と列 $Y$ とを取り除いた残りの列} が成立する．

⑥ **FD，MVD に関する合体律**——列 $X \to \to$ 列 $Y$ であり，列 $Y$ の部分集合である列 $Z$ と，列 $Y$ とは重ならない列 $W$ とについて，列 $W \to$ 列 $Z$ なら，列 $X \to$ 列 $Z$ が成立する．

### 4.7.4　第 4 正規形の定義

ボイスコッドの正規形であって，自明でない多値従属性がある場合には，その全ての決定項が大キーである関係表は第 4 正規形である．

第 4 正規形は，ボイスコッドの正規形であることを前提としている．ボイスコッドの正規形は，「自明でない関数従属性がある場合には，その全ての決定項が大キーである関係表」であって，そこに存在する全ての関数従属性の決定項は，大キーでなければならない．大キーは，その関係表の残りの全ての列の値を一つだけ決めるため，多値従属性は，実は関数従属性としてだけ見えていたのである．関数従属性 $X \to Y$ が成立すれば，かならず多値従属性 $X \to \to Y$ が成立したのだから，多値従属性という概念が導入されても，それを含めた第 4 正規形とボイスコッドの正規形とはあまり変わらない．

言い換えると，任意の関係 $R$ には，多値従属性がかならず存在する．そのなかに自明でない関数従属性が存在する場合には，それを取り除いたものを第 3 正規形といい，さらに自明でない多値従属性が存在する場合には，それを取り除いたものを第 4 正規形という．

図 4.9（b）は，自明でない多値従属性を含んでおり，その決定項である学生番号が関係表 $R$ のキーになっていないから，第 4 正規形でない．図 4.9（c），（d）は，いずれも自明な多値従属性だけを含むから，第 4 正規形である．

### 4.7.5　無損失結合分解

関係表 $R$ {列 $X$, 列 $Y$, 列 $Z$} において，多値従属性列 $X \rightarrow \rightarrow$ 列 $Y$ | 列 $Z$ が存在すれば，かつその場合に限り，$R$ を $R$〔列 $X$, 列 $Y$〕と $R$〔列 $X$, 列 $Z$〕とに射影して，その結果を列 $X$ に関して結合すると $R$ {列 $X$, 列 $Y$, 列 $Z$} にもどる．つまり，列 $X \rightarrow \rightarrow$ 列 $Y$ | 列 $Z$ は，関係表の無損失結合分解の必要かつ十分条件である．

すでに関数従属性について，列 $X \rightarrow$ 列 $Y$，列 $Z$ が成立するなら，

$R$ = {$R$〔列 $X$, 列 $Y$〕}〔列 $X$ = 列 $X$〕{$R$〔列 $X$, 列 $Z$〕}

が成立する（**4.6.5**）と述べてきたが，多値従属性の概念を導入して初めて，関係表を無損失結合分解する必要十分条件が明らかになった．つまり，この章の最初に紹介した図 4.1 の結合のわなをさける理論的な裏付けは，ここにあった．ここまでで，二つの関係表の無損失結合分解は，関数従属性と多値従属性とで扱えることがわかった．

では，三つの関係表による結合が必要な例はないだろうか．

### 4.7.6　3 方向への射影と結合

関係表 $R$ の全ての列を互いに重ならない三つの集まり列 $X$, 列 $Y$, 列 $Z$ に分ける．$R$ {列 $X$, 列 $Y$} は，関係表 $R$ を {列 $X$, 列 $Y$} 方向に射影してできた関係表を指す．$R$ {列 $X$, 列 $Y$}，$R$ {列 $Y$, 列 $Z$}，$R$ {列 $Z$, 列 $X$} のどの二つを結合しても，決して $R$ の行を復元できないが，三つを結合すると初めて $R$ {列 $X$, 列 $Y$, 列 $Z$} を復元できる例がある．

ここで，例として，ある会社の研究所で，研究に使用する部品を納入する業者の会社番号，部品番号，そして部品を使用する実験番号を 1 枚の関係表（**図**

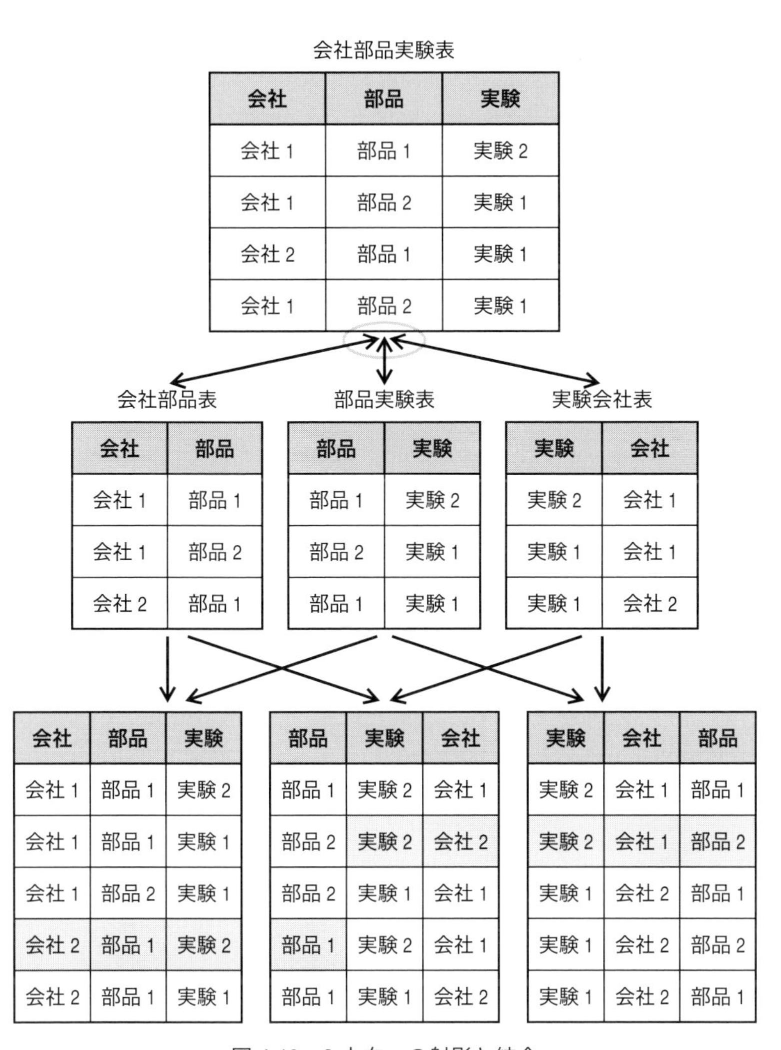

会社部品実験表

| 会社 | 部品 | 実験 |
| --- | --- | --- |
| 会社 1 | 部品 1 | 実験 2 |
| 会社 1 | 部品 2 | 実験 1 |
| 会社 2 | 部品 1 | 実験 1 |
| 会社 1 | 部品 2 | 実験 1 |

会社部品表

| 会社 | 部品 |
| --- | --- |
| 会社 1 | 部品 1 |
| 会社 1 | 部品 2 |
| 会社 2 | 部品 1 |

部品実験表

| 部品 | 実験 |
| --- | --- |
| 部品 1 | 実験 2 |
| 部品 2 | 実験 1 |
| 部品 1 | 実験 1 |

実験会社表

| 実験 | 会社 |
| --- | --- |
| 実験 2 | 会社 1 |
| 実験 1 | 会社 1 |
| 実験 1 | 会社 2 |

| 会社 | 部品 | 実験 |
| --- | --- | --- |
| 会社 1 | 部品 1 | 実験 2 |
| 会社 1 | 部品 1 | 実験 1 |
| 会社 1 | 部品 2 | 実験 1 |
| 会社 2 | 部品 1 | 実験 2 |
| 会社 2 | 部品 1 | 実験 1 |

| 部品 | 実験 | 会社 |
| --- | --- | --- |
| 部品 1 | 実験 2 | 会社 1 |
| 部品 2 | 実験 2 | 会社 2 |
| 部品 2 | 実験 1 | 会社 1 |
| 部品 1 | 実験 2 | 会社 1 |
| 部品 1 | 実験 1 | 会社 2 |

| 実験 | 会社 | 部品 |
| --- | --- | --- |
| 実験 2 | 会社 1 | 部品 1 |
| 実験 2 | 会社 1 | 部品 2 |
| 実験 1 | 会社 2 | 部品 1 |
| 実験 1 | 会社 2 | 部品 2 |
| 実験 1 | 会社 2 | 部品 1 |

図 4.10　3 方向への射影と結合

**4.10**）にまとめた．

　　会社部品実験表 {会社, 部品, 実験}

関数従属性のある，なしは，関係表がある時点での具体的な値だけを観察してわかるのではなく，情報そのものの性質を見極めなければならない．この表からは次の性質を観察できるものとする．

① この関係表に関数従属性，多値従属性は存在しない．

② 会社 1 が部品 1 を提供しており，部品 1 を実験 1 が使用している場合には，部品 1 はかならず会社 1 から購入しなければならないという契約があるとする．すなわち，{会社 1, 部品 1, 実験 1} という行がこの関係表になければならない．

大変人工的な関係表のように見えるが，なぜそうなるのか図でじっくりと検討されたい．この関係表の会社部品実験表には自明でない関数従属性も多値従属性も存在しないので，会社部品実験表は第 4 正規形である．しかし，次のような更新の煩雑さが残っている．

(1) ある実験が使用する予定の部品でも，納入する会社が決まらないと，表に書き込めない．しかし，空値を使いたくはない．

(2) ある部品を使用していた実験が，それ以上は必要がなくなり，情報を消去したとする．すると，その部品をどの業者が納入していたかという情報も消えてしまう可能性がある．

この煩雑さを解消するために，もとの関係表を分解していく．しかし，図 4.10 にみるように，会社部品実験表を三つの 2 項関係（会社部品表，部品実験表，実験会社表）に分解して，そのあとどの二つを結合しても，もとにはもどらない．もとに関係表にもどすための無損失分解の方法は，分解した三つの関係表全てを結合することである．図の下から上方向へ矢印（楕円で囲った部分）は，これを示している．

### 4.7.7　結合従属性

関係 $R$ の列 $X$, 列 $Y$, ..., 列 $Z$（集まりであってもよい）について，$R$ をそれぞれの列の方向に射影し，できた関係表の全てを結合するとき，$R=R$〔列 $X$〕$*\cdots*$ $R$〔列 $Z$〕であれば，関係表 $R$ には結合従属性$*$ {列 $X$, 列 $Y$, ..., 列 $Z$} が存在するという〔Nicolas, 1978〕〔Fagin, 1979〕.

例えば図 4.10 の例で，会社部品実験表＝会社部品実験表〔会社，部品〕$*$会社部品実験表〔部品，実験〕＊会社部品実験表〔実験，会社〕であるから，会社部品実験表という関係表には，結合従属性＊{会社, 部品, 実験} が存在する．

列 $X$, 列 $Y$, ..., 列 $Z$ のいずれかがが $R$ 自身であれば，$R=R$〔列 $X$〕＊…＊$R$〔列 $Z$〕が，常に成立するということになる．これを**自明な結合従属性**という．

### 4.7.8　第 5 正規形の定義

関係表 $R$ が第 4 正規形であって，自明でない結合従属性＊{列 $X$, 列 $Y$, ..., 列 $Z$} が存在する場合には，列 $X$，列 $Y$，...，列 $Z$ の全てが大キーであれば，$R$ は**第 5 正規形**である．

結合従属性を中心とする正規形なので，第 5 正規形を**射影結合正規形**（projection–join normal form）ということもある．この定義では，第 4 正規形の関係表に自明でない結合従属性が存在するときは，その従属性は関数従属性でなければならないといっている．図 4.10 の会社部品実験表は，第 4 正規形であり，そのなかに自明でない結合従属性が存在する．図 4.10 中段の三つの表のそれぞれには，自明な結合属性だけしか存在しないので，これは第 5 正規形の表である．

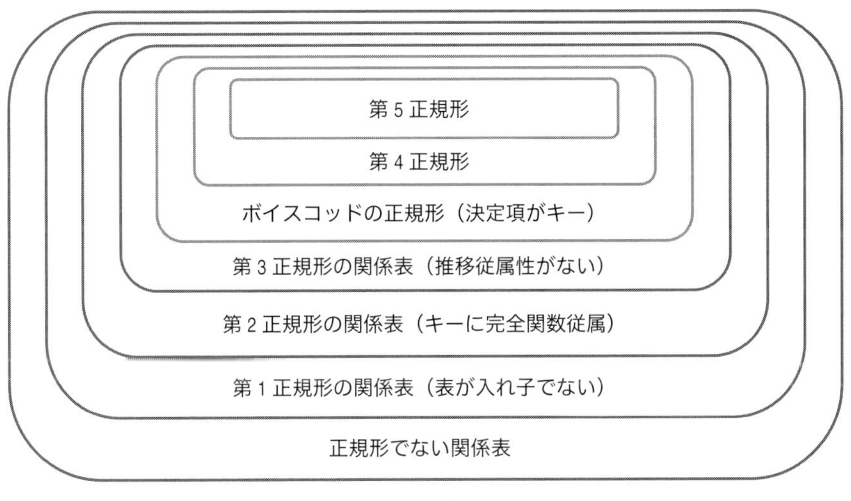


図 4.11　正規形の入れ子

**図 4.11** に関係表の正規形の入れ子を示す．第 $n$ 正規形は，第 $n-1$ 正規形までを前提としていることを示している．

結合従属性は，**無損失結合分解**の必要十分条件である．多値従属性では，2 方向への無損失結合分解を議論したが，結合従属性は 3 方向以上について論じており，多値従属性は結合従属性の特別な場合とみなされる．関数従属性は多値従属性の特殊な場合であるが，無損失結合分解の必要条件であり，十分条件ではない．

これまでに関数従属性，多値従属性と従属性を探究して，**無損失結合分解**を実現するには，どんな条件が必要であるか，あるいは十分であるかを探求してきた議論を結合従属性は一挙にひっくり返し，無損失結合分解を実現できる従属性という立場から定義し直した．これで，無損失結合分解を実現するために新しい従属性を考え出す必要はなくなったのである．しかし，現実世界の情報から結合従属性をどのように発見していくかという課題は，データベース設計者に課題として残されている．

## 4.8　(3, 3) 正規形

正規化の議論では，関係表を列方向にどう分けるかということだけを議論してきた．しかし，関係表を行方向に分けることは考えなくてもいいのだろうか．**図**

給与明細表

| 氏名 | 支払額 |
|---|---|
| 森 | 50 |
| 森 | 30 |
| 森 | 25 |
| 幸田 | 70 |
| 幸田 | 560 |

基本給表

| 氏名 | 支払額 |
|---|---|
| 森 | 50 |
| 幸田 | 70 |

諸手当表

| 氏名 | 支払額 |
|---|---|
| 森 | 30 |
| 森 | 25 |
| 幸田 | 560 |

図 4.12　(3, 3) 正規形

**4.12** の給与明細表では，支払額は一人当たり複数あり，その明細は示されていないので，給与明細表は第 3 正規形であるといえる．別表を見ると，支払額が基本給である場合，諸手当である場合に，それぞれ氏名 → 基本給，氏名 → 諸手当という関数従属性が存在している．これは，給与明細表から，例えば {支払額＝基本給} の行だけ取り出せば，氏名 → 基本給という関数従属性が存在することを示す．関係表を任意の行の集まりに分割しても，その中でだけ意味をもつような関数従属性が存在しない場合に，その関係表は縦にも横にも第 3 正規形であるといい，(3, 3) 正規形などと呼ぶ [Smith, 1978]．給与明細表は，分割次第では関数従属性を発生させうるので，(3, 3) 正規形ではない．基本給表，諸手当表は (3, 3) 正規形であるといえる．

# データベースカフェ

**問 4.1** 次の関係表は第 1，第 2，第 3 正規形のどれか．

(a) 表の要素の値がまた表になっているような，関係表の入れ子は考えない．
(b) 全ての非キー列が，キー列に対して完全関数従属である．
(c) 全ての非キー列が，推移的に関数従属でない．

**問 4.2** 正規化はどのような場合に有効か．図 4.2 と図 4.3 とを次の面から比較して，正規化の特質を論じよ．

(a) 関係表の数
(b) 列の総数
(c) 各関係表の要素（元）の合計個数
(d) ある学生が現住所を東京から神奈川に移した場合，これをデータベースに反映させる手数

**問 4.3** 以下の小売店一覧表は，当店が商品を卸している小売店の一覧表である．この関係表は，第 1 正規形であるが第 2 正規形でない．なぜか．ここで，下線部は主キーを表す．

［情報処理技術者試験 2000 年 午前 設問 36 から］

小売店一覧

| <u>小売店名</u> | <u>商品名</u> | 数量 | 単価 |
|---|---|---|---|
| A デパート | 運動靴 | 50 | 9 000 |
| B 商事 | 運動靴 | 30 | 9 000 |
| B 商事 | ランドセル | 10 | 13 000 |
| C 商店 | レインコート | 15 | 3 000 |
| C 商店 | ランドセル | 10 | 13 000 |

**問 4.4** ある会社に部品を納入している各業者をまとめた関係表があり，次の列がある．

業者番号，業者名，本社所在地，部品番号，部品名，仕様，納入数量

本社所在地は，それぞれの業者の本社の所在地，納入数量は，その業者が該当部品をいくつ納入しているかを示す．この関係表について，次の問いに答えよ．

(1) 列の間に成立する関数従属性を列挙せよ．

(2) 関係表の主キーはなにか．

(3) この関係表を第 3 正規形（ボイスコッドの正規形）に分解せよ．

**問 4.5** 図 **2.7** の作家一覧表を簡略にした，次の関係表を正規化せよ．

| 作家名 | 生年 | 没年 | 出身地 | URL |
|---|---|---|---|---|
| 鴎外 | 1862 | 1922 | 島根 | ***$URL_1$*** |
| 鴎外 | 1862 | 1922 | 島根 | ***$URL_3$*** |
| 漱石 | 1867 | 1916 | 東京 | ***$URL_2$*** |

図 2.7　作家一覧表

**問 4.6** 以下の図は，ある学校の関係表である．

| 学生番号 | 所属学部 | 所在地 | 科目番号 | 科目名 | 成績 |
|---|---|---|---|---|---|
| 0001 | 工 | 新宿 | 101 | 国語 | 80 |
| 0001 | 工 | 新宿 | 102 | 数学 | 90 |
| 0002 | 文 | 所沢 | 101 | 国語 | 65 |

この学校では，学生は一つの学部に所属し，キャンパスは分散しているが，それぞれの学部は 1 か所にまとまっているものとする．この関係表に見られる関数従属性は，次のように整理できる．

{学生番号, 科目番号} → {所属学部, 所在地, 科目番号, 科目名, 成績}
学生番号 → {所属学部, 所在地}
所属学部 → 所在地
科目番号 → 科目名

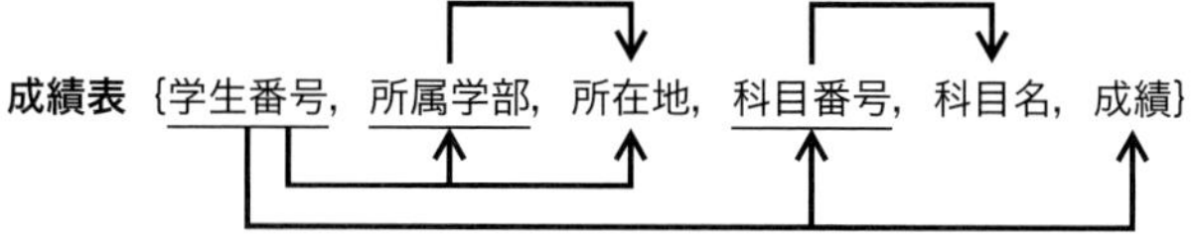

第 2 正規形でない関係表

関係表全体のキーは {学生番号, 科目番号} である．学生番号と科目番号がわかれば，ほかの全ての列の値が確定する．非キー列は {所属学部, 所在地, 科目名, 成績} である．キーの一部である学生番号，科目番号についての関数従属性の観察結果から，まず次の分解が考えられる．

学生表 {学生番号, 所属学部, 所在地}
学部表 {所属学部, 所在地}
科目表 {科目番号, 科目名}
成績表 {学生番号, 科目番号, 成績}

学部表と科目表とは，似ているが違う部分もある．学部表のキーである所属学部は，学生表の大キー {学生番号, 所属学部} の一部である．科目表の科目番号は，この関係表の大キー {学生番号, 所属学部} のいわば外にあるが，科目番号 → 科目名　という関数従属性が見られる．

(1) この関係表には，情報更新（変更）時の煩雑さがある．どんな煩わしさがあるか，説明せよ．

(2) この関係表の正規化をさらに進めて，完成させよ．

正規形の関係表の集まりがデータベースであるとしても，それは利用者の目にはどう触れるのであろうか．ひとまとまりのものやつながりをなるべく単純な関係表にまとめておくとして，実際に必要な結合演算などはいつ行われるべきであろうか．利用者に直接接する外部スキーマの働きとはなにか．次章で検討する．

第5章

# 基底表と視野表

**関係データベースの結合はいつ実行されるのだろうか．結合のもととなる関係表の内容が変わると，結合をやり直さなければならないのだろうか．外部スキーマは，個々の利用者が使用するデータベースの一部分をその利用者に扱いやすい形で提示する．本章では，関係モデルに関する話題に絞り，外部スキーマの重要な機能である視野（ビュー）について述べる．**

## 5.1　外部スキーマ

**外部スキーマ**（external schema）は3層スキーマ（**1.4**）の一つで，データベース全体の記述である**概念スキーマ**に対して，個々の利用者から見たデータベースの記述である．

外部スキーマは，概念スキーマをもとに個々の利用者が使用する部分を，それぞれに都合のよい視点で抜き出したもので，一つの概念スキーマに複数の外部スキーマが対応する．利用者が直接データベースに接する界面ともいえるので，わかりやすく，使いやすいように，工夫が凝らされている．複数の異なるシステムがそれぞれの外部スキーマを通してデータベースを利用するという形態もありうる．関係モデルには，外部スキーマのために**視野**（view，**ビュー**）機能がある．外部スキーマそのものをビューと呼ぶこともある．

これまでの章では，関係表の代数，扱いやすい表のまとめ方などについて考えてきた．データベースの内容を変更するときの扱いやすさを考えると，なるべく

「もの」や「つながり」に対応する正規形の簡明な表を作っておき，あとで必要に応じて，あれこれとつなぎ合わせて必要な表を作っていけばよい．

では，データベース中の表は，どのような形態をしているのだろうか．そこには正規形の表だけがあるのだろうか．結合はいつ実行されるのだろうか．利用者ごとに，結合演算の変形がほしいということはないのだろうか．

関係データベースの視野機能では，実際に存在する表（**実表**）のほかに，関係代数の演算式（あるいはSQL言語の文）そのものを**視野表**として格納しておいて，必要に応じてそれを呼び出し，実行する．関係代数の演算式は，関係表と等価とみなすという，便利な仕掛けである．実表は一つでも，各利用者の必要に応じた視野表をそれぞれに用意して使えばよい．視野表が実体化するのは，利用者が端末や応用プログラムから視野表を呼び出した時点であるため，視野表のもとになった実表の最新の内容を活用できる．

一方でデータベースの個々の利用者にデータベース全体を開放してしまうと，さまざまな支障が予測される．また，必要に応じて権限のない人からデータベースを保護する技術も必要である．これを**呼出し制御**（access control）という．視野機能は，個々の利用者から見えるデータベースの部分を限定して，全体を見えなくする機能，すなわち呼出し制御の有効な手段でもある．

## 5.2　基底表と視野表

データベース中に実際に存在する関係表を**基底関係表**（base relation）あるいは**基底表**という．関係演算の式だけがデータベース中に存在し，実際の表は式が参照されたときに生成される表を**視野表**という．SQL言語では基底表を**実表**（base table），視野表を**ビュー表**（view table, view）という．問合せに含まれる関係代数演算を実行したときに，基底表をもとに作り出される結果の関係表を**導出関係表**（derived relation）あるいは**導出表**という．いずれも関係表であるから，導出表の導出表の……といった入れ子も可能である．

関係モデルは関係表を生成する機能を欠くが，SQL言語にはデータ定義文という一群の文がある．そのなかのCREATE VIEW文を使って，

CREATE VIEW 売上伝票 AS SELECT　...

などと書くと，CREATE TABLE　...で基底表を定義するのと同じように視野表を定義できる（**5.4**）．

まずは，関係表の枠組みを作成し始める段階で，それが基底表であるか視野表であるかを指定する．基底表は CREATE 文を実行すると枠組みが作成され，その内容を 1 行ずつ文で書き込んでいく（すでにある別の表をなんらかの方法で複写するなどの方法もありうる）．その内容は時間経過とともに変化するが，いったん作成された基底表はデータベース中に存在し続けて，消去する操作をあらためて実行しない限り残っている．これが**永続表**である．作成するときに視野表と指定した関係表は，その定義だけがデータベース中にあり，利用者が名前を呼んだときに生成され，仕事が終わると表は消えて，定義だけが残る．

関係正規化の議論から考えると，正規化された関係表をデータベースの基底表にすることが自然である．しかし，それをもとに，例えば結合演算をして，複雑で大規模な表を作り出したいとしたら，演算はいつ行われるべきだろうか．

関係代数式を含む問合せ文，たとえば SQL 言語の SELECT 文を実行する時点なら，最新の基底表をもとに演算ができる．しかし SELECT 文のなかに結合演算を直接書き込むのは，長くて煩わしい．この方法だと，呼出し制御の面からも好ましくないかもしれない．

## 5.3　視野の限定と拡大

視野機能では，関係表そのものではなくて，関係表の定義（演算式）をデータベースに格納しておく．これはソフトウェアのライブラリのようなものである．それを利用すると問合せ文が単純になり，問合せ自体を短くできる．問合せのなかで，定義を呼び出して実行すると，その時点で最新の基底表をもとに視野表ができて，利用することができる．

図 3.24 にあげた三つの表の自然結合式は， 顧客表＊売上表＊品目表 であった．この式を実行してできる結果の関係表に売上伝票という表名をつけて，

売上伝票：顧客表＊売上表＊品目表

という式を視野表としてデータベースに置けば（**図 5.1**），売上伝票表を参照する問合せを利用者が実行する時点で，この三つの表それぞれの最新の内容を使った結合が行われる．利用者は売上伝票を構成する三つの表の詳細を知る必要もない．視野表は，まず視野の拡大の役に立つ．

逆に，視野表の内容を変更して，それを基底表に適切に反映できるだろうか．視野表は基底表を使って関係代数式で定義するが，処理系によっては基底表の列名を変更したり，基底表にはない新しい列を追加したりすることも可能になっている．そうした視野表に対する変更を基底表に正しく反映させることは，一般に困難である．

およその議論として，

① 複数の関係表で構成された視野表に対して，更新，挿入，削除することはできない（むすび演算などで，可能な場合もある）．

② 新しい列を追加して構成した視野表を更新することはできない．

とされている．言い換えれば，更新可能な視野表の条件は，その視野表と基底表との間で，行も列もそれぞれ1対1に対応することである．

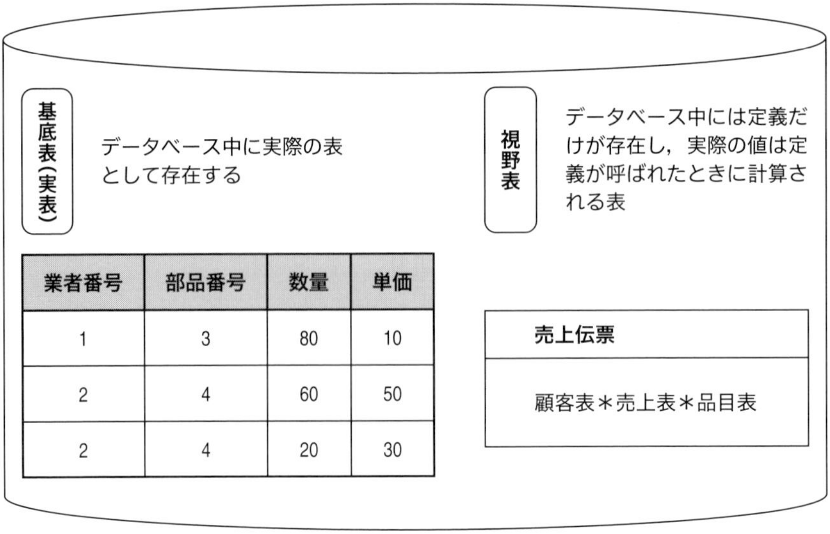

基底表（実表）

データベース中に実際の表として存在する

| 業者番号 | 部品番号 | 数量 | 単価 |
|---|---|---|---|
| 1 | 3 | 80 | 10 |
| 2 | 4 | 60 | 50 |
| 2 | 4 | 20 | 30 |

視野表

データベース中には定義だけが存在し，実際の値は定義が呼ばれたときに計算される表

| 売上伝票 |
|---|
| 顧客表＊売上表＊品目表 |

図 5.1　基底表と視野表

視野の機能は，利用者の視野の限定にも利用できる．**図 5.2** の納入量表は，当社に外部の業者が納入している全ての部品の一覧表で，キーは {業者番号，部品番号} である．この表には全ての業者との取引情報が書いてあるので，例えば業者番号 2 の業者の情報だけに内容を絞りたければ，

納入 2：納入量表［業者番号＝2］

あるいは

納入 2a：(納入量表［業者番号＝2])［部品番号，数量，単価］

といった演算式を用意して，業者番号 2 の業者には，納入 2 あるいは納入 2a という関係表を使うように指示すればよい．納入 2 表，納入 2a 表の利用者には，業者番号が 2 の部分しか見えなくなるので，ほかの業者の情報への不法な呼出しを防ぐことになる．これが視野表（ビュー）と呼ぶゆえんである．もちろん基底表である納入量表はデータベースにしまっておいて，業者には見えないようにしておく．

視野の内部処理では，処理系が問合せの一部を視野定義で書き換える（図 5.2)．利用者が，今，教わった納入 2 表を使って，納入 2［部品番号＝4］［単価］といった代数演算を指定してきたら，システム側では納入 2 を 納入量表［業者番号＝2］と書き換えて，

(納入量表［業者番号＝2])［部品番号＝4］［単価］

**納入量表**　⇒　納入 2：　納入量表［業者番号＝2］

⇒　納入 2a：(納入量表［業者番号＝2])［部品番号，数量，単価］

納入量表

| 業者番号 | 部品番号 | 数量 | 単価 |
|---|---|---|---|
| 1 | 3 | 80 | 10 |
| 2 | 4 | 60 | 50 |
| 2 | 9 | 20 | 30 |
| 3 | 3 | 80 | 8 |

納入 2

納入 2a

図 5.2　選択による視野の限定

としてから，計算を行えばよい．

業者が納入している部品の数量や価格は，時々刻々と変化するであろう．必要な変更（更新）は，原則として納入量表に対してだけ行う．納入２のような関係表は，関係代数の式（定義）だけを用意しておいて，実際の納入２表は，この関係表を利用者が要求したときに、最新の基底表である納入量表をもとに計算する．

視野表は，実際に呼ばれた時点での最新の基底表をもとに計算される．また，視野表の定義のなかに，複数の基底表や視野表を使った複雑な演算があってもかまわない．

## 5.4　SQL 言語の視野表定義文

SQL 言語の **CREATE 文（3.4.3）** を使うと，基底表のほかに視野表も定義することができる．基底表を作るときは，CREATE TABLE　……，視野表を作るときは，CREATE VIEW　……　と書く．

```
CREATE VIEW   納入２          納入２というビュー表を定義する．
  AS SELECT   ＊              ＊は表の全ての列を意味する．
     FROM     納入量表        納入量表から作る
     WHERE    メーカ番号＝2   業者番号２の業者だけを選ぶ．
```

さらに SQL 言語には，問合せ修飾の機能がある．

```
SELECT    部品番号
  FROM      納入２
  WHERE     数量 > 50;
```

と利用者が書くと，納入２の部分が自動的に書き直されて，基底表に対して実行される．

```
SELECT    部品番号
  FROM      納入量表
  WHERE     メーカ番号 = "2"
  AND       数量 > 50;
```

SQL 言語では，関係代数演算を実行し終わったら，実表をどうするかも

CREATE 文の中に書き込んで，次のいずれかを選ぶことができる．

① **永続実表**——意図的に消さない限りデータベースに残り続ける．

② **一時的実表**——CREATE 文中に TEMPORARY と指定した関係表は，作業が終了すると，消滅する．作業が終了するということの意味は，**6 章**を参照されたい．

## 5.5　呼出し権限の付与，連鎖

データベースの主な目的の一つはデータの共同利用であるが，権限のない人がみだりに読んだり，内容を変更したりすることが起こってはならない．呼び出す資格のない人からデータを保護する技術を**呼出し制御**（access control, アクセス制御）という．アクセスという言葉も，最近ではよく使われるようになったが，本来は「目標に到達する方法」という意味である．視野は呼出し制御の役に立つことを示してきたが，一般的には，呼出し制御はもっと複雑である．ことあるごとにパスワードを要求されてうんざりする経験は，誰でももっているだろう．SQL 言語にある GRANT（許可，認可）文による呼出し制御は，関係モデルの関連研究として進められてきた．

呼出し制御には，以下に示す三つの構成要素がある．

① データ操作を行う利用者．利用者本人，なんらかの方法で指定された利用者，全ての利用者のいずれかである．

② データ操作を行う権限．データベースの利用者は，データベースに対して 5 種類の権限をもつ．読む権限，内容を変更する権限，削除する権限，権限をほかの利用者に委譲する権限、ほかの利用者の権限を取り消す権限の五つである．

③ 権限の対象は，データベース全体，関係表，列，行，成分（ある行のある列）である．データベース全体とは，その概念スキーマ全体であるが，ネットワーク時代にはもっと外の世界のデータベースも対象にできる場合があり得る．

対象を生成した利用者は，全ての権限をもつ．ほかの利用者に権限を認可したり，認可を取り消す権限も与えられる．このなかには，認可する権限そのものの認可も含まれている．この方式では，権限の認可が芋づる式に拡がっていく．SQL 言語における GRANT 文の典型的な書き方を次に示す．

GRANT 権限 | 権限の並び
　ON　対象　…　付与する表，列など
　TO　主体　…　付与する相手
　WITH GRANT OPTION;

付与する権限のなかに，権限を委譲する権限，あるいは権限を取り消す権限が含まれるので，次々と権限を広めたり，連鎖を断ち切ったりできる．

GRANT 文と対をなす REVOKE 文で，権限を取り消すこともできるが，ある利用者のデータ権限が取り消されると，その取り消された利用者が別の利用者（あるいは自分自身！）に認可した権限も取り消すことになってしまう．

また，アクセス制御は，一般に操作システムの担当範囲とみなされることが多い．

# データベースカフェ

**問 5**　視野表の更新を基底表に正しく反映させることは，一般には困難である．次の例で，成績表の更新（例えば，ある行に記載されている成績を変更する）をもとの二つの基底表に反映させることがなぜ困難であるかを説明せよ．

学生表（基底表）

| 学生番号 | 学生名 | 現住所 |
|---|---|---|
| | | |
| | | |

科目表（基底表）

| 科目番号 | 科目名 | 教室 |
|---|---|---|
| | | |
| | | |

成績表（視野表）

| 学生名 | 科目名 | 成績 |
|---|---|---|
| | | |
| | | |

次の章は内部スキーマを扱う．内部スキーマは，概念スキーマや外部スキーマを実装するためのコンピュータソフトウェアそのものであり，情報技術者がファイルやレコードといった概念を使って腕を振るう部分でもある．そのため，データベースから必要なデータを少しでも速く取り出す技術を中心に取り上げている．ソフトウェアの話題であるが，つとめてわかりやすく書いたので，「これからデータベースを作る」という人も，常識として知っておいてほしい．

第6章

# やわらかい内部スキーマ

**内部スキーマは，概念スキーマを実装するためのコンピュータソフトウェアそのものであり，情報技術者がファイル，レコード，ブロック，索引といった概念を使って腕を振るう部分である．本章では，外部記憶上にあるデータベースから必要なデータを少しでも速く主記憶に取り出す技術を中心に取り上げる．これは，本格的にデータベースに取り組む人には必須の基礎知識である．**

## 6.1 内部スキーマとは

内部スキーマはコンピュータ技術の世界であり，コンピュータプログラムそのものである．実世界の情報の論理構造を整理して概念スキーマをまとめる作業を**論理設計**，概念スキーマを補助記憶装置上に実装する内部スキーマを作成する作業を**物理設計**という．論理設計では，関係表，行といった概念を使ったが，物理設計ではそれが**ファイル**，**ブロック**，**レコード**といったコンピュータ用語になる．関係表やその代数を効率よく実装する方法をコンピュータの算法の水準で扱うといってもよい．3層のスキーマ構成でこの部分が一つの独立した層をなしているのは，情報の論理的な構造はそのままで，コンピュータ上の表現や構造を変更したり，取り替えたりできることを意味する．これは，**データ独立**（data independence）ともいわれる大切な考え方である．

外部記憶上にあるデータベースから必要なデータを少しでも速く主記憶に取り

出す索引（インデックス）とハッシングなどの技術を中心に考えよう．関係モデルでは，「索引などというものは利用者の考えるべきことではない」「どんな関係表のどの列も平等に能率よく処理できるべきである」という厳しい議論があったが，索引なしでも効率よく動作する場合には，索引があるとさらに効率よくなるというのもまた真実であろう．実際，これによって新しい手法が研究開発されてきたし，現在も利用されている．

複数のまとまった作業をコンピュータ内部で切り替えながら行うトランザクションの同時実行制御やデータベースの耐障害性については，**7.2**，**7.5** で扱う．本章と **7.1** 以降の内容は，データベースを作り始めたばかりの人にとって，すぐに必要なことではないかもしれない．しかし，多少なりとも本格的にデータベースに取り組む人には必須の基礎知識である．

## 6.2　外部記憶

よく知られているように，コンピュータは中央処理装置，主記憶，**外部記憶**，入力，出力の五つの要素で構成される（**図 6.1**）．中央処理装置は，主記憶にあるプログラムを一つずつ順番に実行していく．プログラムが操作するデータも主記憶にある．主記憶のほかに，大きいプログラムやデータベースを格納する外部記憶（補助記憶，2 次記憶ともいう）がある．中央処理装置が外部記憶の情報を直接処理することはなくて，必要な部分をかならず外部記憶から主記憶へ呼び出してから処理する．パソコンでは，主記憶も外部記憶も本体の筐体の内部にあることが多く，外部からは見えない．本体の外側に大容量の外部記憶を有線，あるいは無線で接続することもある．**記憶装置**にこうした階層を設定するのは，各種装置の特性と価格との兼ね合いを考えるためである．

コンピュータの記憶は，次の 3 種類に大別される．

① **揮発性記憶**——電源の供給がなくなると内容が失われてしまう記憶は**揮発性**（volatile）であるという．揮発しない記憶を主記憶に使っていた時代もあったが，現在の主記憶は全面的に揮発性の半導体 DRAM を使用している．揮発性の半導体記憶は高速であるが，不揮発性記憶に比べると高価である．

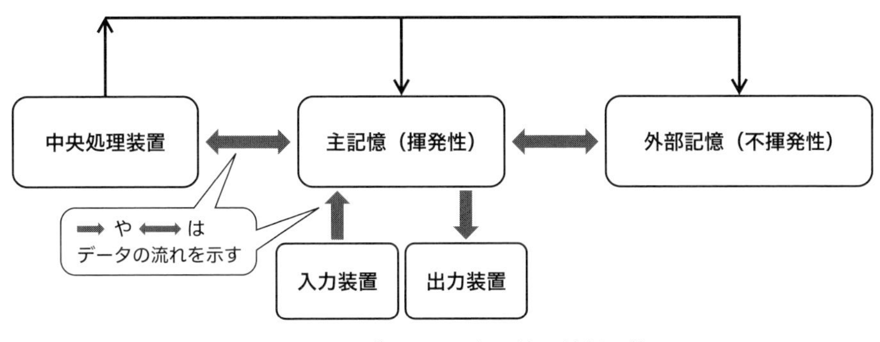


図 6.1　コンピュータの主記憶と外部記憶

② **不揮発性記憶**――電源の供給がなくても内容を保持できる記憶は**不揮発性**（non volatile）であるという．プログラムやデータを，不揮発性の記憶に格納しておいて，必要に応じて主記憶に呼び出して使う．不揮発性の記憶は安価で大容量であり，これを使った外部記憶の発想なしには，コンピュータやデータベースの現在は考えられない．磁気記憶（ハードディスクなど），フラッシュメモリ（インタフェースと外観により USB メモリ，半導体ディスク，シリコンディスクなどと呼ぶ．後述），光記憶（CD, DVD, BD など）などがある．

③ **安定記憶**――揮発性，不揮発性のさまざまな記憶媒体を使った安定（stable）して永続的な記憶．ハードディスクと磁気テープ装置などを組み合わせて構成する．

記憶装置の観点から，ABC, ENIAC などから始まるとされるコンピュータの歴史を今一度振り返ってみよう．初期の ENIAC では，プログラムを変更するには，スイッチの切替えや配線の変更が必要であった．ABC はドラムに似た形状の記憶装置をもっていたが，揮発性だった．EDVAC には，プログラムを内蔵できる記憶が装備されており，これが**プログラム内蔵方式**の嚆矢と考えられるが，EDVAC も不揮発性の記憶はもたなかった．**不揮発性記憶**は，1951 年のレミントンランド社，翌年の IBM 社による磁気テープ装置で初めて実現し，1956 年には IBM 社の磁気ディスク装置 RAMAC が登場した．

データベースは不揮発性の外部記憶に格納する．その中心を占める磁気記憶装置は，磁気テープ，磁気ドラム，磁気ディスクを経て，現在では**ハードディスク**が一番よく利用されている．**ハードディスク**は，磁気ディスク（円盤，プラッタ）という記録媒体と，ディスクの内容を読み書きする周辺装置とを一体にした小さな弁当箱のような外観の装置である．ハードディスクユニットと呼ぶほうがより厳密であるが，ハードディスクという呼び方で一般に普及している．大容量かつ安価でバックアップが高速に取れるが，記録媒体が回転する機構があり，磁気や衝撃には弱い．記録媒体の障害と対策については，**7.1** 以降で述べる．

半導体技術による不揮発性の記憶媒体の代表は，**フラッシュメモリ**である．これを組み込んだ記憶装置を USB メモリ（USB インタフェースをもつフラッシュメモリ），シリコンディスクあるいは半導体ディスク（外部の形状やインタフェースがハードディスクと同じで，内部ではフラッシュメモリを使用）などと呼ぶ．フラッシュメモリは不揮発性に分類されるが，電荷による記憶を行うので，記憶期間に寿命があり，書換え回数にも制限がある．これを補うためにさまざまな方式が工夫されているが，不揮発性の記憶媒体としての信頼度を適切に判断するのは難しい．

2018 年時点では，半導体ディスクは磁気ディスクに比べて，まだまだ高価であるが，外部記憶装置としてのフラッシュメモリの利用は広がっており，半導体ディスクとしてハードディスクにほぼ相当する部分を置きかえつつある．現代のパソコンのなかで，物理的な可動部分があるのは，キーボード，マウスそれにハードディスクぐらいなもので，可動部分をもたないフラッシュメモリは，この点で圧倒的に優位に立っている．そのうちに音声入力がキーボードを，フラッシュメモリがハードディスクを駆逐するのであろうか．

主記憶は揮発性，外部記憶は不揮発性という規則があるわけではない．1 階層だけの記憶で全てを構成する主記憶データベースの研究も長く行われているが，まだ実用には至っていない．不揮発性の外部記憶，揮発性の主記憶というすみ分けが今後も続いていくと考えられる．

## 6.3 主記憶と外部記憶との格差

主記憶と外部記憶との間での情報のやりとりについて，本書では，コンピュータの外部記憶から主記憶にデータを読み込む（read ファイル into…），主記憶から外部記憶に書き出す（write レコード from…)」という表現を使う．記憶媒体を中心に「媒体から読み出す」，「媒体に書き出す」といった表現もある．

主記憶と外部記憶では構造上の違いがあり，内部スキーマではこれを克服するための工夫をしなければならない．主記憶には，64 ビットか 32 ビットごとに番地がついており，中央処理装置が番地を指定してその内容を呼び出すことができる．内容は命令であったり，命令が使うデータであったりする．外部記憶にも番地があるが，その様態は装置によってさまざまである．

ハードディスクなどの磁気記憶では，情報を記憶する円盤上にトラックという帯状の円周が多数あり，これが同心円を形成していて，円周ごとにトラック番号がついている．データは，このトラック上に記録する．データの読み書きをするため，アームに取り付けた磁気ヘッドがあり，アームが移動して同心円のうちの然るべき円周を選び，その円周が回転するにともなって，必要な部分を読み書きする．トラック上では，512 バイト，あるいは 256 バイト長のセクタという区域ごとに番号がついており，物理番地はトラック番号とセクタ番号とをつないだものになる．

フラッシュメモリは基本的な記憶単位をセルと呼び，セルを複数つないだページ，ページを複数集めたブロックという構成要素からなる．1 ページは 2 キロバイト，1 ブロックは数ページ程度である．データの読込みはページ単位，書出しはブロック単位である．

さまざまな用語が錯綜して使われているため，本章では仮想記憶技術の基本単位であったページという用語は避けて，一般的な入出力の単位を意味するブロックを使っていく．

関係表の行を**論理レコード**という．利用者はレコード単位でデータベースを操作する．外部記憶へ情報を読み書きする単位を**ブロック**（あるいは**物理レコード**）という．ブロックは**レコード**の集まりである．本章では，内部スキーマを議論していくので，関係表というよりはファイル，行よりはレコードという用語を使っている．

概念スキーマ上でのキーの例は，社員番号，学籍番号，姓名などである．外部記憶の番地の構造は装置によって異なるが，{ヘッド番号　トラック番号　セクタ番号}，{ヘッド番号　相対トラック番号}，{ヘッド番号　物理ブロック番号，物理レコード番号} などさまざまである．そこで，キー値から外部記憶の番地になにかの方法で写像（変換）しなければならないということになる．写像にはおおまかに三つの方法がある．

① 時間の順，位置の順による写像

② 索引 index による写像

③ ちらし hashing による写像

## 6.4 主記憶上での探索

関係表全体が主記憶にある場合の探索を内部探索という．探索する目標の値を探索引数あるいは単に**引数**（ひき）（argument）という．表の各行には探索の手がかりとなる**キー**（列あるいは列の集まり）があり，その値を**キー値**という．キー値は情報の本体に含まれていることも，いないこともある．前章までの関係表の正規形で活躍したキーと意味合いが違うので，注意が必要である．引数 $k$ が与えられたとき，関係表から対応行の内容を探し出す処理を**探索**（search）という．引数を探索のために変換したり，出力を整理したりといった，探索を中心としたもう少し広い仕事をまとめて**検索**（retrieval）という．探索と検索とは，ほぼ同じ意味で使われることも多い．

**図 6.2** で，表の各行のキー値が順不同で並んでいる場合には，先頭の行から順番に引数とキー値とを比較して探していく．$n$ 行の表であれば，平均 $n/2$ 回の比較をすると，目的の行を見つけることができる．運がよければ 1 回の比較で見つかり，運が悪いと $n$ 回比較しても見つからない．これを**線型探索**という．

表の各行がキー値の昇順（コンピュータ符号の小から大への順）あるいは降順（大から小への順）に整列している場合には，**2 分探索**（binary search）という

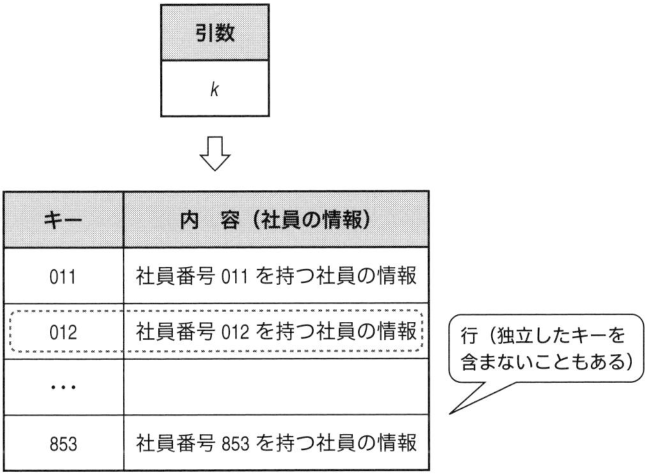

⇩

| キー | 内 容（社員の情報） |
|---|---|
| 011 | 社員番号 011 を持つ社員の情報 |
| 012 | 社員番号 012 を持つ社員の情報 |
| … | |
| 853 | 社員番号 853 を持つ社員の情報 |

行（独立したキーを含まないこともある）

図 6.2 引数，キー，行

方法がある．2 分探索では，その名前の通り表を 2 分して，引数とまず真ん中 ($n/2$) の行のキーとを比較する．運が良ければ，そこで目的の行が見つかり，運が悪くても，真ん中より前半にあるか後半にあるかを知ることができる．2 回目にはそのどちらかのまた真ん中を調べる，というようにこれを続けていく．$2^{10}=1\,024$ だから，行数が 1 000 行であっても，10 回以内の比較で探索できる．$n$ が偶数であるか奇数であるかで $n/2$ がどうなるか気になる読者は，自ら工夫されたい．

しかしこの方法は，行のキー値が整列していないと，正しい探索ができない．行の追加，値の変更が発生したときには，変更した行を含む全体を適切に整列しておかないと，正しい探索ができなくなる．整列は手間と時間がかかる作業である．

## 6.5 発生順に詰めて書くファイル

**1 章**で「大きい表をファイルといい，小さいファイルを表という」というクヌースの名言を紹介したように，関係表は外部記憶上のファイル，行はレコードの抽象である．ふつう関係表は外部記憶に格納されていて，必要に応じて主記憶に読み込まれ，処理が終わると外部記憶に書き出される．表の読込みは自動的に行われるが，ひとまとまりの作業の結果を外部記憶に書き出すかどうかは，利用者に確認することが多い．関係表の内容は時間とともに変化し増減するので，行の増減につれて，対応する記憶場所も柔軟に増減できるようにしたい．

コンピュータの外部記憶として磁気テープが主流であった時期には，ファイルの編成法も**順ファイル**（sequential file）しかなかった．順ファイルは，新しいレコードを前から順番に詰めて書き出していくだけであって，途中に空きを作ることはない．物理的な書出しは，複数のレコードをまとめたブロック（物理レコード）単位に行われるが，利用者はそれを意識しない．読み込むときは，先頭から順に読む．途中からひょいと読んだり書いたりはできない．レコードを削除したり，内容を変更したりする場合には，いったんファイル（テープ）の先頭に戻って，別に用意した媒体を使って新しいファイルを作りながら，その操作をしたものである．こうした制約は磁気テープ装置の構造からもたらされたものであったが，見え消しを旨とする帳簿や書類の原則に合っているので，案外，現代的な意味をもっていたのかもしれない．磁気ディスクが登場しても，順ファイルはよく使われている．ただ，磁気ディスクの特長を生かして，途中のレコードを削除するとか，同じ大きさであれば，削除した場所に新しいレコードを書き出すといった工夫も可能になっていった．こうしたアイデアを取り込んだ順ファイルの進化形を**ヒープ**（heap）ファイルという。

## 6.6　外部記憶上の木

磁気ディスクでは，ファイルの途中をひょいと呼び出すことができるが，主記憶の動作時間に比べると１回の読込みに必要な時間が1 000倍以上長くかかった．もちろん磁気ディスクでも順ファイルが基本であるが，データベース応用には，

①　キーによる能率のよい呼出し

②　データベースの能率のよい更新（内容変更）

③　大きさの変動への柔軟な対応

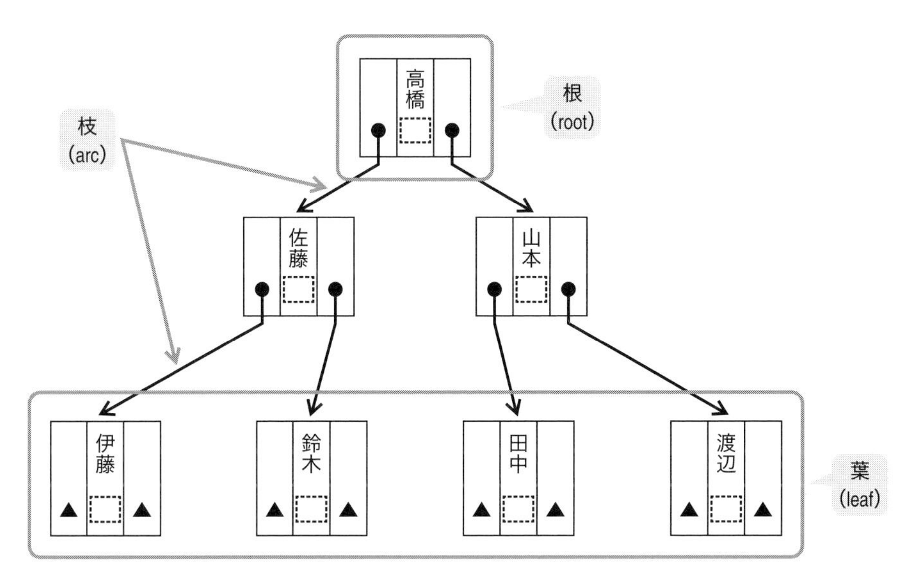


図 6.3　2 分木の探索

が求められる．

**6.4** で解説した 2 分探索は **2 分木**という木構造で表現できる．**図 6.3** の四角い枠を**節点**（node，節あるいはブロック）という．節点と節点とを結ぶ矢印を**枝**（arc あるいはポインタ）という．木の出発点に一つだけある節点を**根**（root），最下部の節点を**葉**（leaf）という．情報技術分野では，図の上部に根を，下部に葉を書くことが多い．葉の表現はさまざまな方法がある．

探索木の中のキーは，木を編成するときに決める列の値で，学生番号，学生名，その他なんでもよい．図 6.3 では，それぞれの節点にキー値（人名）を一つとそのキー値に関する情報の本体（点線の四角，1 行分のデータ）とを格納している．ふつうキー値は本体の一部であるが，あとで $B^+$ 木ではこれを分けて処理することになるので，図ではそれにならった．

キーと情報の本体とをまとめて，**レコード**と呼ぶことにしよう．キーの左右の●部分には，次に探すべき節点の番地が書いてあり，枝（→）がそれを図示している．枝の根元の節点を親，枝が指す節点を子という．キーの左右の枝が示す節点を兄妹ともいう．

**木の探索**は，根の節点から始まり，探索の引数と各節点のキーとを比較しながら進行する．両者が一致すれば，探していたレコードがそこに現れるので，探索は終了する．引数がキー値より小さい場合にはキーの左にある枝を，大きい場合には右にある枝を調べて，その番地の節点を呼び出す．以下についても同様である．枝の代わりに特別な番地（▲）が書いてある場合には，もうそれ以上探索するものがないことを示しており，「見つからない」という探索結果になる．このような木は，前節で述べた2分探索そのものを表現しており，これを2分木という．図6.3の木で探索に必要な枝を手繰る操作はたかだか2回で，七つのキーを探索できる．100万項目の大規模な探索木を2分木にすると，平均 $\log_2 1\,000\,000 \fallingdotseq 20$ 節点の探索ですむ．しかし，木を外部記憶におく場合には，枝を手繰って次の節点を呼び出す操作に磁気ディスクの1回の読込みが必要で，これに時間が掛かり，回数を減らす工夫が必要である．

回数を減らす工夫の一つは，一つの節点にレコードをなるべくたくさん格納することである．今これを $k$ 個とする．枝の本数は $k+1$ 本必要になる．$k$ は，節点に収容できるレコード数から決まる．$k$ が大きいほどいいように見えるが，節点は外部記憶にある木を読み書きするときの基本単位なので，それが大きすぎると分割して読み込むなど，入出力の処理がまた複雑になってしまう．

**図6.4**は，一つの節点が二つのレコードを格納できる大きさである場合を示す．ここで，レコードを二つにしたのは図を単純にするためである．レコードを二つ格納すると，枝は3本になる．図6.4（a）は最初の状態で，節点の内容は空である．

キーは一つずつ書き出していくので，探索の必要上，到着したレコードは節点の中でキー値の順に整列させておく．本章の例では，日本人に多い人名の姓から適当に選んで漢字表記のキーとして使っている．漢字表記の姓を五十音順に整列させるには，特別な工夫が必要である．コンピュータで使う情報交換用漢字符号の大小順では，漢字はおよそ音読みの五十音順に並ぶ．鈴は「れい」，高は「こう」の位置である．一つの漢字に割り振る符号は一つだけにしたいから，不便だが仕方ない．岡田(おかだ)と小川(おがわ)とを，どう並べるかといった問題もある．ここでは，

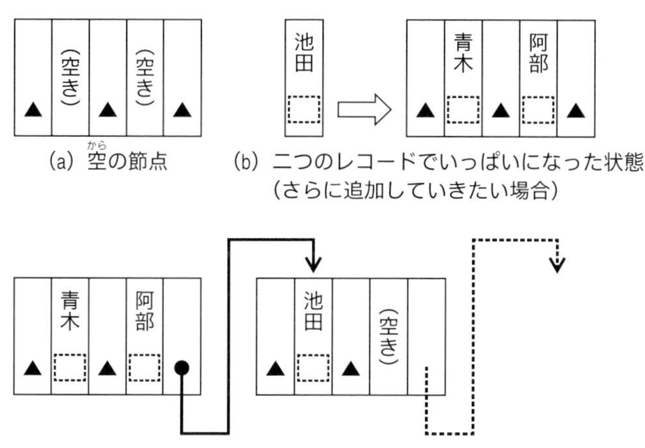


(a) 空(から)の節点　(b) 二つのレコードでいっぱいになった状態（さらに追加していきたい場合）

(c) 追加分はあふれ用の節点を末尾につないでいく方法

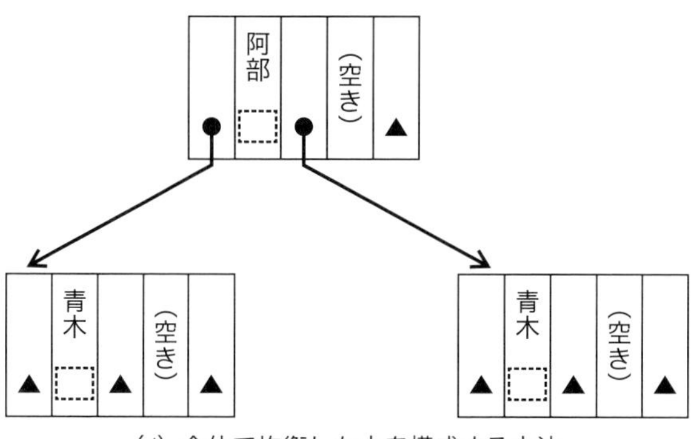


(d) 全体で均衡した木を構成する方法

図 6.4　二分木の例

キー値はおよそそれぞれの姓の五十音順に並び，次の大小順であるとする．

青木，阿部，池田，石井，石川，伊藤，井上，遠藤，岡田，小川，
加藤，木村，後藤，小林，近藤，斎藤，齋藤，坂本，佐藤，清水，…

図 6.4（b）は，最初の二つのレコードがキー値の順に格納されて，節点がいっぱいになった状態を示す．木の探索は，根の接点から始める．引数が節点のなかのいずれかのキーに一致すれば，そこに必要なレコードがある．一致しない場合には，次の節点を呼び出して調べる．今はレコードが二つだけなので，根の節点

より先を探せる枝はない．

この節点に三つめの（キーが 池田 の）レコードを書き込もうとすると，入りきらない．三つのレコードを整列させるとして，あふれたものをどこにどう格納するか．物理的に場所が足りないのだから，新しい節点を獲得して，木（ファイル）を大きくするよりほかにない．

古典的なファイル編成法では，獲得した一つの節点をあふれ用節点として最後に枝でつないでいた（図 6.4（c））．これでは，データが増えていくと，節点をつなぐ枝がどんどん増え，それを手繰る回数も増えていく．節点の中では，キー値が整列しているためには，キー値が大きくなっていくデータが来ると，どんどん末尾が伸びていく．例えば，身分証明書の先頭の 2 桁が西暦の末尾 2 桁だとすると，数値としての身分証明書番号はどんどん大きくなる．

図 6.4（d）では，あふれが発生したときに，二つの節点を用意し，もとの一つと合わせて三つの節点の間で，レコードを分散させている．それぞれの節点の利用率は 50％で，次にどんなキー値が来ても，どこかの節点に収容できて，すぐにあふれは発生しない．二つの節点を準備するのが余分に見えるが，いつもそうなるわけではなくて，普段は節点を一つ用意するだけでよい．図 6.4（d）の卓抜な発想による木を **B 木**（B-tree）という．B 木は，2 分木のように常に完全な等分木ではない．2 分木では，節点にレコードがいつも詰まっていて，新しいものを追加するたびに，また新しい節点を獲得して，木構造を整えなければならない．それに対して B 木は，節点が半分以上は埋まっているという，おおよそ均衡した木構造である．あとで確認するが，木を整える賢明な算法もある．

B 木は，1972 年当時ボーイング社研究所にいた R. Bayer と E. McCreight とが開発した動的索引付け手法である［BayerMaCreight, 1972］．頭字 B は balanced, broad, bushy, Boeing あるいは Bayer のいずれの意味か話題になったことがあり，筆者がそれを Bayer に尋ねたときには，「B is for B, nothing more」といなされた．

## 6.7　B 木

木は，節点とその間をつなぐ枝との集まりである．一つの節点の中のレコード

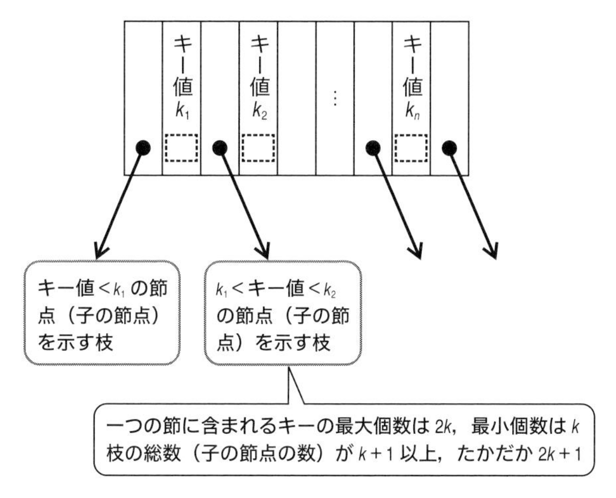


図 6.5　$k=n$ の節点の構造

はキー値の順に並んでいる．次の条件を満たす木を $k$ 次の B 木という．$k$ は任意に決めた整数である．

① 根は子を指す枝を 2 本以上もつ．

② 根以外の節点は，$k+1$ 本以上たかだか $2k+1$ 本の枝をもつ．枝の間にはさまれたレコードの個数は，$k$ 個以上，たかだか $2k$ 個になる．

③ 根から葉にいたる枝の数は，どの葉でも同じとする．

情報技術的に言い換えてみよう．木はブロックとポインタの集まりからなる．ブロックの中のレコードは，キー値の順に整列している．

① ポインタは，子ブロックの番地を示す．

② どのブロックの子の数も，$k+1$ 以上，たかだか $2k+1$ とする（ただし根のブロックは例外で，2 以上の子を持つ）．

③ 根ブロックから末端ブロックにいたる経路の長さ（ポインタの数）は，どの末端ブロックでも同じとする．

**図 6.5** には，$k=n$ の一般的なブロックの構造を示す．

**図 6.6** は，$k=2$ の B 木である．一つの節点に 2 個以上たかだか 4 個のレコードを収容でき，節点から出る枝の数は 3 本から 5 本になる．節点の大きさはいつ

も同じで，レコードが2個で節点は半分まで埋まり，4個でその節点はいっぱいになる．

レコードの格納（追加，更新）は，根節点からはじまる．格納したいデータのキー値を引数として，すでに木に存在するキー値であるかどうかを調べていき，該当する節点が見つかったら，節点の中でキー値の順に整列するように格納する．$k=2$ であるから，最初の四つのレコードが格納されると節点がいっぱいになる．次に新しいレコードを格納しようとすると，もはや入りきらないので，節点を二つ準備して，レコードを $k$ 個，1個，$k$ 個に分配する．図6.6では $k=2$ であるから，2個，1個，2個に分配する．これを**B木の節点の分裂**という．手間がかかる操作に見えるが，実はこの段階で，三つの節点それぞれに空きができて，この後しばらくは到着するデータをどこかの空きに収容できる．節点の半分以上が空きになることはないので，記憶場所の利用率は50%以上となる．逆に言えば，そうなるように $k$ 値を決めているということである．根節点だけはこの例のようにレコードが1個だけになることがあるので，先の規則にも例外として書いてある．**図6.7**は，図6.6の木にキー値が，遠藤のレコードを追加する場合に，節が分裂し木が成長していく様子を示したものである．**図6.8**は再構成が終わった木である．

レコードの探索も根節点から始まる．探索は引数 $k$ をキー値として持つレコードを探す操作である．引数と，節点に並んでいるキー値とを順番に比べていく．引数と一致するキー値が見つかったら，探索は成功で，そこに目的のレコードがある．一致しないままに，引数より大きいキー値が見つかったときには，そのキー値の左に書いてある枝を辿って，子の節点に移動しそこを調べる．一番大きいキー値まで比較していっても，まだ引数のほうが大きい場合には，その右の枝を辿って，この節点に移動し，そこを調べる．以下同様に目的の節点が見つかるまで調べていく．葉の節点でも引数に一致するキー値が見つからなければ，探索は失敗で，目的のレコードは見つからなかったことがわかる．探索に成功したら，レコードを読み込む．更新したい場合には内容を修正して，あらためてレコードを書き出す．

木の全てのレコードをキー値の順番に印刷するにはどうすればいいだろうか．

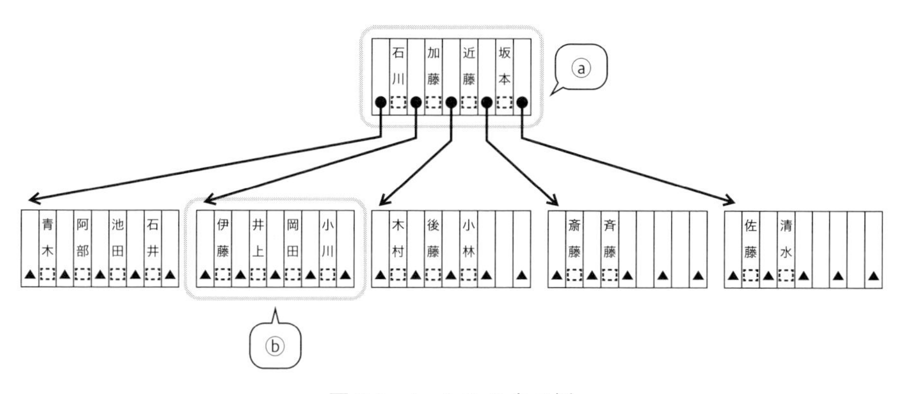


図 6.6 $k=2$ の B 木の例

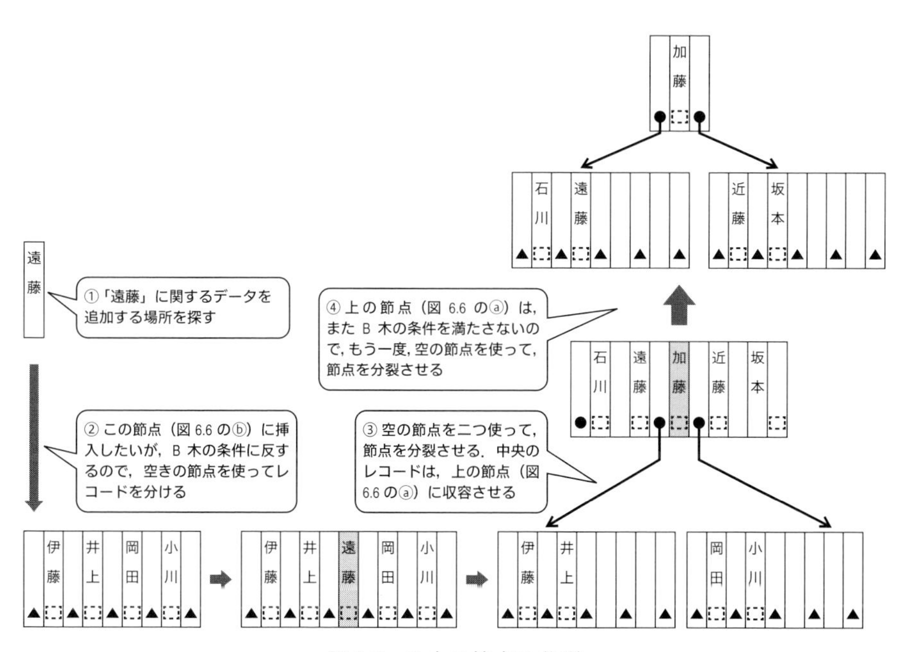


図 6.7 B 木の節点の分裂

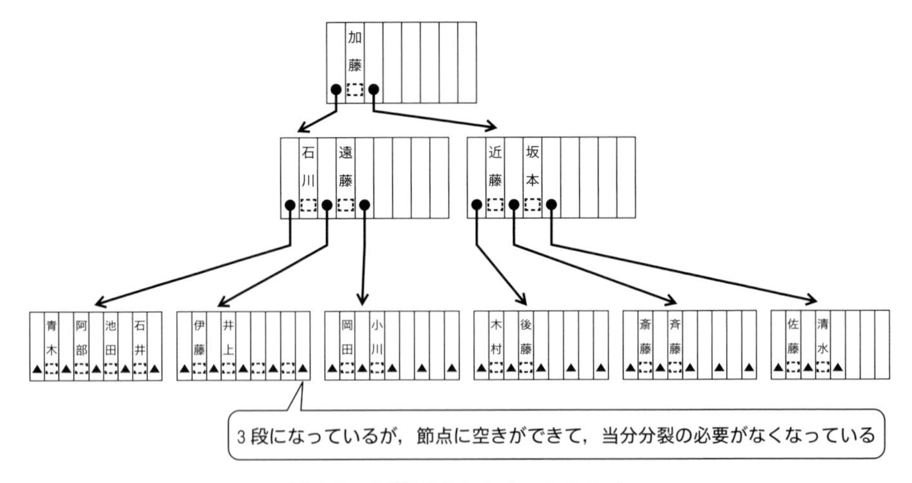


図6.8　再構成された$k=2$のB木

全てのレコードのなかで，キー値が最も小さいレコードは，根節点から，節点の左端にある枝を次々に手繰っていき，見つかった葉節点の先頭のレコードである．この節に存在する全てのレコードを順番に印刷する．

次に，枝を一段逆方向に辿って，親節点に戻り，親節点にある枝の右側のレコードを印刷する．さらに右隣りの枝を手繰って，次の節点に進み，この節に存在する全てのレコードを順番に印刷する．つまり，節の上下を繰り返しながら，レコードを順番に印刷していけばよい．

枝の矢印は，子節点の番地情報を含んでいるが，子節点の側から戻る番地情報も必要なことがわかる．これを明示するために，矢印を両方向に書くこともある．

レコードを削除（消去）する場合にも，木の動的な再構成が発生することがある．削除する場合には，まず削除したいレコードがどの節点にあるかをキー値で探索しなければならない．これは，新しいレコードを挿入する節点を決める場合と同じ操作である．そうして見つかった節点に格納されているレコード数が$k+1$以上$2k$以下であれば，その節点から対象のレコードを削除するだけでよい．残るレコード数は$k$から$2k-1$の間になるから，B木の条件は満足しており，それ以上の再構成は必要でない．

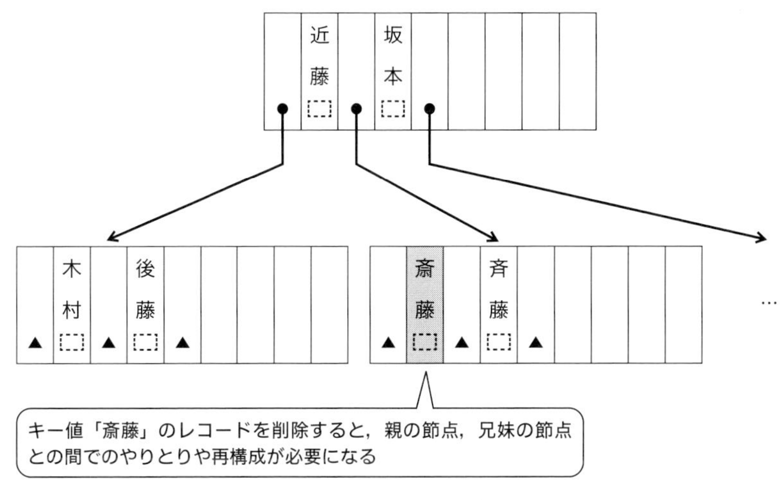


図 6.9　レコードの削除

レコード数 $k$ の節点のレコードを削除すると，残りは $k-1$ 個になり，B 木でなくなるので，対策が必要になる．**図 6.9** は $k=2$ の B 木であり，ここから「斎藤」を削除しようとすると，残りは $k-1$（$=1$）個になってしまう．この場合，今，対象としている節点が葉であるか，中間の節点であるかによって，対応が異なる．

(1) 中間の節点である場合には，削除するキー値の次のキー値のレコードを探して，その内容を移して埋める．キー順で次にあたるレコードは，今，空いた場所の右側の枝が示す節点を根とする木の，一番左の葉にある．

(2) 葉の節点である場合には，その節点と，親の節点にあるレコードと，親の左の枝が示す節点（兄弟の節点）の間でレコードのやりくりをして，再構成を行う．親の節点にあるレコードが移動すると，さらにその親節点を辿る必要がある．図 6.9 では，この再構成が必要になる．B 木のレコードの削除はかなり煩わしい作業であることがわかる．

# 6.8　$B^+$木

## 6.8.1　レコードを呼び出す効率

キーを与えて目的のレコードを呼び出すために，枝を手繰る操作が最大 $h$ 回必要であるとする．例えばレコードが 1 000 000 個あり，$k=50$ であれば，一つの節点に置けるレコードの数は 50 以上，たかだか 100 であるから，節点は最低で 10 000 個，たかだか 20 000 個必要になる．根以外の節点を一つ呼び出すためには枝を 1 回手繰る操作が必要で，1 回手繰ると最低でも 50 節点のうちのいずれか，2 回なら $50 \times 50$ 節点のうちのどの一つにあるかを決めることができる．3 回手繰ると，$50 \times 50 \times 50 = 125\,000$ 個の節点のうちの一つが決まる．4 回以上手繰る必要はない．したがって $h=3$ である．呼出し効率のよい B 木を作るには，$k$ を大きくして，必要な節点に到達するまでの枝の本数を少なくしたい．しかし，$k$ の値は一つの節点に格納できるレコードの個数で決まる．

## 6.8.2　$B^+$木の発想

$B^+$木は B 木を基本として，$k$ の値を大きく取れるように工夫を加えた木である（**図 6.10**）．$B^+$木全体は，索引部分とデータ本体部分とに分かれていて，キー値だけによる索引部分が B 木である．キー値だけなら節点にたくさん収容できるので，$k$ の値を大きく設定できる．木は幅広で浅くなり，呼出し効率がよくなる．レコードは全て葉節点にまとめて，索引を作るときに，キー値の順に整列させながら格納していくので，レコードをキー値の順に操作することも簡単になる．

データ本体部分は B 木の葉節点であるが，実質的なデータはここに置くので，索引部分の B 木の整数 $k$ とは別の整数 $m$ を設定する方が合理的である．葉節点には，レコードを $m$ 個以上たかだか $2m$ 個，キー値の順に収容する．キー値はレコードに含まれているのが自然であるが，レコードの先頭に置いてもよい．いずれにしても，索引部分に含まれる全てのキー値は，データ本体部分にも現れる．$B^+$木全体としてみると，キー値が 2 回ずつ含まれることになる．しかしあまり大きい記憶場所は必要でないし，算法が単純になる長所がある．全ての葉節点を順番につなぐ枝を用意して，レコード本体をキー値の順に呼び出せるようにする．

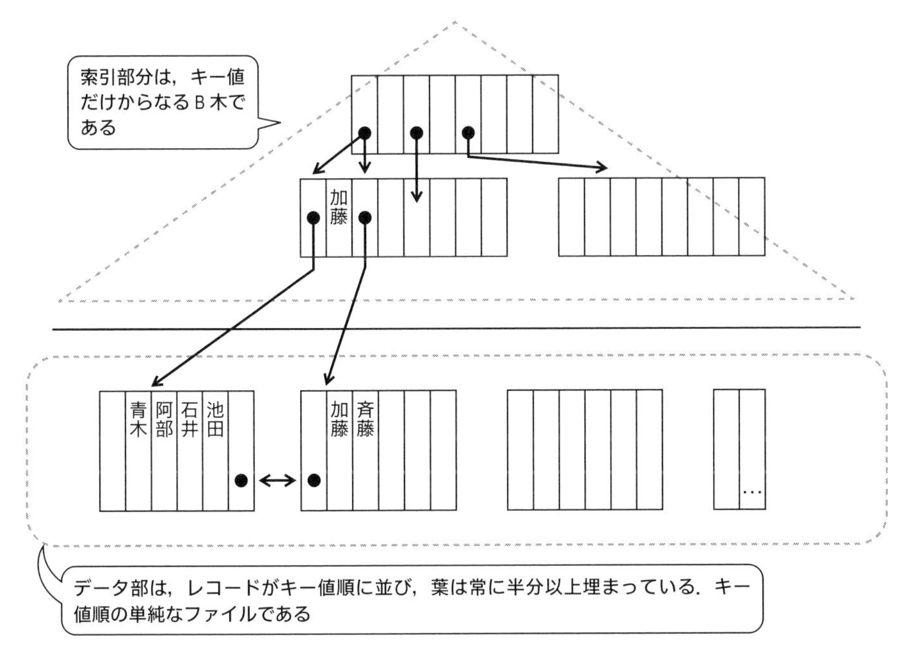


図 6.10　$B^+$木の構造

### 6.8.3　$B^+$木を作る

新しいレコードを木に格納する場合は，B 木のそれと同じで，キー値を引数として，根節点から木を辿っていく．途中でキー値が見つかった場合には，すでに存在していることになる．葉節点に到達するまで見つからなかった場合は，新しい情報なので，それを葉節点に収容する．葉節点では，一つの節点に最低 $m$ 個，たかだか $2m$ 個のレコードをキー値の順番に整列させて格納する．今，到達した葉節点に格納されているレコード数が $2m$ 以下であれば，キー値の順になる位置にレコードを挿入する．最初は，常にこの状態から始まるので，木を構築し始めた最初だけは，「最低 $m$ 個」という制約を満たせない．

B 木の根節点に「根は 2 以上の枝をもつ」とあった例外規定と同じことが，ここでは最初の葉節点にも起きる．葉節点にすでに $2m$ 個のレコードが格納されている場合には，それ以上入りきらないので新しい節点を一つ用意し，$2m+1$ 個のレコードをキー値の順に $m$ 個と $m+1$ 個のレコード群に分けて，$m$ 個はもとの葉節点，$m+1$ 個は新しい節点に分けて格納する．このとき新しい節点の左端（$2m+1$ 個のうちの $m+1$ 番目）のキー値だけを親節点にコピーして格納する．親節点での扱いは，これまでの B 木と同じになる．キー値は，$\mathrm{B}^+$木にいつも 2 回ずつ格納する必要があることになる．

### 6.8.4　B$^+$木の探索と削除

$\mathrm{B}^+$木の探索は B 木のそれと同じで，根節点から始めて，木を辿っていく．ただ，途中でキー値が見つかった場合でも，そこにレコード本体があるわけではないので，葉節点に到達するまで探索を続ける．$\mathrm{B}^+$木では，削除されたレコードのキー値も索引部分に残っており，最終的にそのキー値に対応するレコードが見つかるかどうかは，葉節点まで調べて初めてわかる．見つかれば，そのレコードを読み込む．葉節点のレコードはキー値の順番に並んでおり，葉節点同士も枝でつながれているので，見つかったレコードからキー値の順番（昇順でも降順でも）にレコードを次々に読むとか，あるキー値の範囲だけ読むなどが可能になる．

葉節点は，節点の大きさ，収容するレコード数など，葉以外の節点と異なる構造をもつ．葉節点にも枝をもたせて，レコード本体はさらに外に置くという実装もありうる．このことは，B 木の柔軟性に大きな示唆を与えている．これまでは，B 木の定義として $k$ 値を一つ決めてきたが，もしかすると，一つの木のなかで，さまざまな大きさの $k$ 値を置くことが可能なのかもしれない．

レコードを削除するには，まず索引部分を手繰って該当するキー値があるかどうかを確認し，見つかったら，葉節点まで辿ってそれを消去する．このとき，索引部分のキー値はそのまま残して，索引の再構成はしない．データ部分では一つレコードが消えるので，最低 $m$ 個の条件を満足しなくなることがありうる．この場合は，葉節点の間でレコードのやりくりをして，さらには索引部分の変更もしなければならないかもしれない．

# 6.9 動的ハッシング

## 6.9.1 ハッシング

関数を用意して，キー値を外部記憶の番地に変換する方法がある．これを

$a = H\ (k)$ あるいは $h : k \rightarrow a$

などと書く．関数 $H$ にキー値 $k$ を引数として与えると，外部記憶の番地 $a$（ハッシュ値ともいう）が得られる．これは索引を用意するよりはるかに楽に見える．ハッシングは，ハッシュ（切り刻む）するという言葉に由来し，キー値の分布に偏りがある場合に，それを外部記憶の番地空間になるべく均等に散乱させるという意味である．ハッシングは主記憶に置いた表の生成と探索に用いられてきたが，ファイルやデータベースでは，あまり活用されてこなかった．理由は以下の二つがある．

(1) **ハッシュ関数**を選ぶと，ハッシュ値の範囲が決まってしまう．つまり表（ファイル）の大きさが決まってしまうので，データベースのレコードの増減にうまく対応できない．またB木の節点が分裂しながら成長していくような洗練された算法が，これまで見つからなかったということもある．

(2) 関係表やファイルの基本操作の一つは，そこに含まれている全ての行（レコード）をキー値で順番に操作することである．B木でもそれは可能であるが，木の枝を行ったり来たりするので，やや手間がかかる．$B^+$木は，それが簡単にできるので，重宝されている．ハッシングでは，ハッシュした結果をキー値の順番に処理することが困難であった．

(1) の壁を打ち破るには，ハッシュ関数を固定するのではなくて，必要に応じてこれを柔軟に変化させていけばよい．P. Larson の**動的ハッシング**（Dynamic Hashing）[Larson, 1978]，W. Litwin の Virtual Hashing（1978），R. Fagin らによる Extendible Hashing [FaginNPS, 1979] などが競い合ってこうした手法を提案し，新しい局面を切り開いた．

この節では，動的ハッシングの例を少し紹介するが，欠点 (2) のほうは，いまだに解法が見つかっていないのが現状である．

まず古典的な「**割り算法**」の例をあげる．

$$a = H(k) = k \bmod c$$

$k \bmod c$ は，$k$ を $c$ で割った余りで，mod $(k, c)$ とも書く．$H$ は，キー値 $k$ を引数とする関数で，$k$ を定数 $c$ で割って得られる余り $a$ を結果（番地）とする．ハッシュ値 $a$ は $k$ を $c$ 進法で表現したときの第1桁目に相当する．実際に使う場合には，$c$ として，使用可能な格納場所の総数に最も近い素数を選ぶことが多い．素数を選ぶ根拠はとくにはないが，2で割る，3で割る，……と検討していくとそれぞれに問題があり，素数なら無難であろうという通説になっている．例えば，格納場所が1 000個あるとすれば，$c$ は997とする．$k$ mod (997) は，0から996までのいずれかであるから，格納場所の範囲に収まる．

しかし，どんなハッシュ関数を選んでも，同じキー値からは同じハッシュ値が得られる．さらに異なるキー値が同じ値にハッシュされる現象が発生する．誕生日のパラドックスが有名な例である．これは「23人以上が集まっている場所では，同じ誕生月日の人がいる可能性は50％を越える.」［Knuth, 2006］［Fauer, 2009］というもので，いいかえると，10進3桁のキー値23個を365の場所にハッシュする関数をどんなに探しても，50％以上の確率で重複が発生する．パラドックスという言葉は適切でないが，少なくとも，直感と事実が大いに異なっていることは確かである．

ハッシュ値が同じとなることを衝突が発生するといい，そうしたキーを同義語（synonym）という．衝突をさばく工夫の一つは，ハッシングの結果が同じになったレコードを複数収容する**バケツ**（bucket）を使うことである．バケツは，木の**節点**や**ブロック**に似ているが，入出力の単位とはあまり関係がない．

例として，社員レコードをそれぞれ三つずつ格納できるバケツを3個用意しよう（**図6.11**）．簡単のために，社員名の文字列の最初の文字をキー $k$ とし，キー $k$（例えば，「佐藤」の「佐」）の計算機内部符号を一つの数値と考えて，これを3で割り，余りを格納番地 $a$ とする．余りは0，1，2のいずれかであるから，どこかのバケツに必ず収まる．

$$a = k \bmod 3$$

社員名は，**図6.12**の順番に入力されるとする．姓の文字列の後ろに添えてある数字はハッシュ値 $a$ である．図の□は，レコード全体を示す．

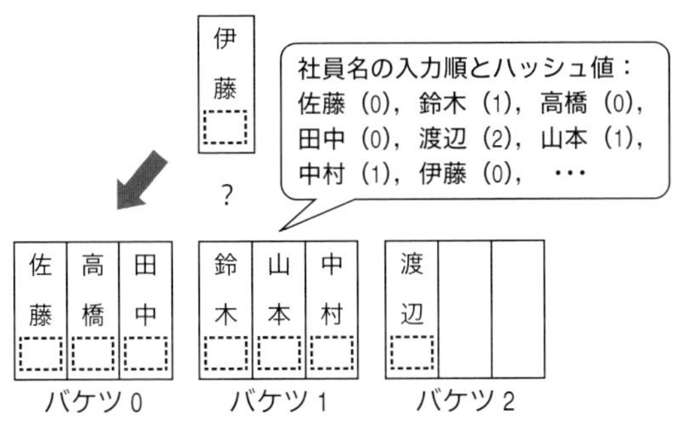


図 6.11　バケツにレコードを格納

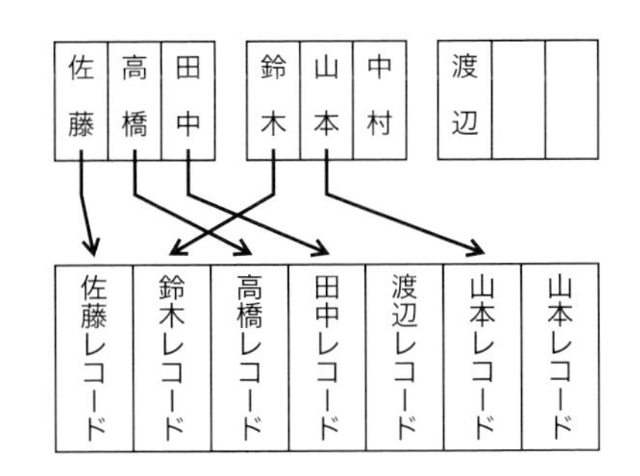


図 6.12　ハッシュ索引とレコードの分離

新しい情報を格納するには，まず，キー値からハッシュ値を計算し，その値のバケツを調べる．たかだか三つのレコードが格納されているので，順番に調べて，見つかればすでに格納されている情報である，バケツ内に見つからなければ，新しい情報なのでそのバケツに格納する．

佐藤はバケツ 0 に，鈴木はバケツ 1 に，というように中村までの 7 人分の情報はどこかのバケツに収容できたが，次の伊藤は，格納したいバケツ 0 がいっぱいなので，行き詰まる．こうした現象に対して，例えば番地開放という手法では，両隣のバケツに空きがないか調べて，空いているバケツに格納する．伊藤社員のレコードはバケツ 2 に格納できる．しかし番地を開放すると，今度はバケツを探索するときに，そのバケツに見つからなくても，念のために両隣を調べて，存在するかしないか確認しなければならない．なによりも，このように格納場所が9個しかないのであれば，レコードが増えてくると，混み合ってあふれが発生するのが目に見えている．別の便法は，B木から$B^+$木を生み出したのと同じ発想で，バケツの中にレコード全体を置く代わりに，キー値とレコードを指す枝との対だけを置くことである．実レコードは，枝の指す場所に置くので，一つのバケツに収容できる同義語の個数を増やすことができる．こうした方法を**ハッシュ索引**ともいうが，これだと実レコードの読込みに余分な時間が掛かる．

B木では，格納場所（節）が足りなくなると，外部から節を取得していく．このように，足りなくなったらバケツを補充していくことはできないだろうか．ハッシングでは，関数を決めると，その関数の値域が固定されてしまって，柔軟に変更できそうに見えない．

### 6.9.2　動的ハッシュ関数

動的ハッシングの最初のアイデアは，データが増えてきたらハッシュ関数を変更して，格納場所を追加していけばよいというものであった［Larson, 1978］．ハッシュ関数は，バケツごとに表示しておく．最初はどのバケツもハッシュ関数$h_0$から出発する．新しいレコードを格納するには，まず$h_0$でハッシングし，そのバケツに書いてあるハッシュ関数にしたがって，必要に応じて再度ハッシングして格納場所を決めればよい．$h_0$で計算したバケツがすでにいっぱいであれば，例えば，$k \bmod n$を$k \bmod 2\times n$，$k \bmod 2\times 2\times n, \ldots$と除数を2倍ずつして，対象となるバケツ数を2倍ずつ増やしていく．もとのバケツにすでに配置されているレコードは，バケツのハッシュ関数を変更したときにハッシュし直して，そのバケツにとどまるか，新しいバケツに移動するかを決めて再配置する．

**図6.13**は図6.11の続きで，**動的ハッシング**の例を示す．最初は$h_0=k \bmod 3$という関数を使って，バケツ番地を決めていく．やがてレコードが増えてくると，収まりきらなくなる．図6.13では，伊藤をハッシュしたら0になり，バケツ0にはすでに三つのレコードが格納されていて，これ以上は格納できない．そこでバケツ0については，ハッシング関数を$h_1=k \bmod (2\times 3)$に変更する．今，格納しようとしている新しいレコードと，バケツ0の三つのレコードとは全て$h_1$

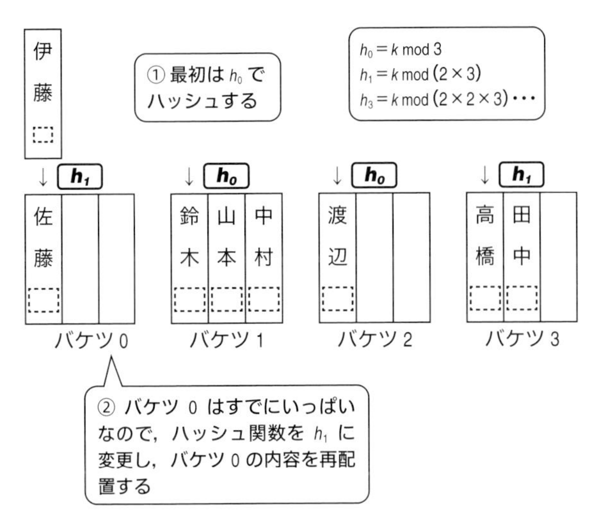


図 6.13 バケツにレコードを分配

でハッシュし直す．3 で割った余りが 0 であったキー値は，6 で割ると余りが 0 か 3 のいずれかになる．バケツ 3 は拡張された記憶場所であり，余り 3 のレコードはこちらに再配置する．このハッシュ関数の変更は格納場所の拡大と同意語の分散に有効であるが，バケツが突然倍増していくのは困るかもしれない．図 6.13 はこれを巧妙に隠してあり，バケツ 3 だけが増加したように描いてあるが，実はバケツ 3，4，5 が同時に増えて，記憶場所が 2 倍必要になっているのだ．やはり，B 木のように少しずつ増えていくほうが望ましい．さらに，同じ引数に対する関数の出力は同じ値であるから，どこかの段階ではあふれ処理の導入を考えざるを得なくなる．そのために，動的ハッシング以降，あふれを発生したバケツの位置とは独立したバケツを追加したり，あふれバケツを併用したりするなど，さまざまな変形が提案されてきている．

**伸縮ハッシング**（Extendible hashing）［FaginNPS, 1979］では，データが増減するとバケツが柔軟に増減していくので，キーや関数をどう決めるかには，あまり頭を悩まさなくてもよい．ただ，キーとして適当な長さのビット列は必要である．

先と同じ日本でよくある人名の例を使う．ハッシュ値 $a$ は，氏名の先頭の漢字の JIS 符号のビット列から先頭のゼロを削除した値である．これは，キー値をハッシュするというよりは，キー値の先頭から必要な長さのビット列を，そのままハッシュ値として使用している．

| 氏名 | JIS 符号 | a | 氏名 | JIS 符号 | a | 氏名 | JIS 符号 | a | 氏名 | JIS 符号 | a |
|---|---|---|---|---|---|---|---|---|---|---|---|
| 佐藤 | 3A34 | 011 | 高橋 | 3962 | 011 | 鈴木 | 4E6B | 100 | 田中 | 4544 | 100 |
| 渡辺 | 455F | 100 | 山本 | 3B33 | 011 | 中村 | 4366 | 100 | 伊藤 | 304B | 011 |

キー値は，連続して現れるとは限らないが，その増加にしたがってバケツは連続してだんだんと増加するようにしたい．このためにハッシュ値のうち使用するビット列の長さを最初は1にとどめ，必要に応じて長くしていく．そこで，ハッシュ値とバケツ番地との対応表（バケツ番地表）を用意する．最初の状態では，バケツ番地表には列が一つ，バケツはバケツ0が一つだけあり，それぞれにハッシュ値のうちの先頭からなんビットを使用しているかという標識がついている．バケツ番地表の標識を標識 $t$，各バケツにある標識を標識 $b_i$，各々の初期値は0とする．バケツはB木と同様に分裂併合しながら，レコード本体を格納していく．

**図 6.14**（a）は，先頭の二つのレコードを格納した状態を示す．最初のレコード佐藤は $a=011$ であるから，先頭の1ビット（0）だけを使ってレコードをバケツ0に格納し，このバケツを指す枝をバケツ番地表に書き込む．このとき，1ビットだけを使用しているという標識 $t$ と標識 $b_1$ の内容をどちらも1にする．次のレコード高橋は $a=011$ であるから同じくバケツ0に格納する．次のレコード鈴木は $a=100$ で，先頭ビットが1だから，新しいバケツ1を用意してそこに格納する．このとき，バケツ番地表もそれぞれのバケツを指すように2列に増やし，先頭のビットが0のバケツと1のバケツとを指すように変更する．これで記憶空間を拡張できた．後続の二つのレコードも $a$ の先頭が1なのでバケツ1に，山本はバケツ0に格納する．標識 $b_0$ と標識 $b_1$ は，バケツの位置決めに使用したビット数を示す．ここまでは，バケツ番地表側とバケツ側とにある標識の値が一致している．

次のレコード中村は $a=011$ であるから，先頭の1ビット（0）だけを使ってレコードをバケツ0に格納しようとすると，すでにバケツがいっぱいになってい

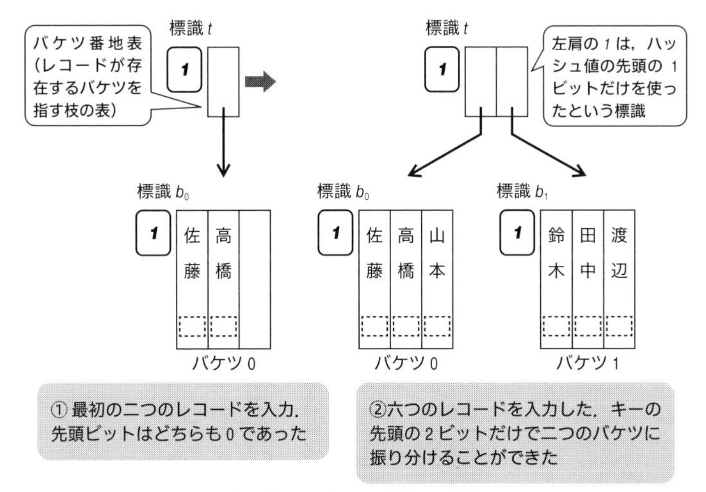


(a) 最初の 6 レコードまでの処理

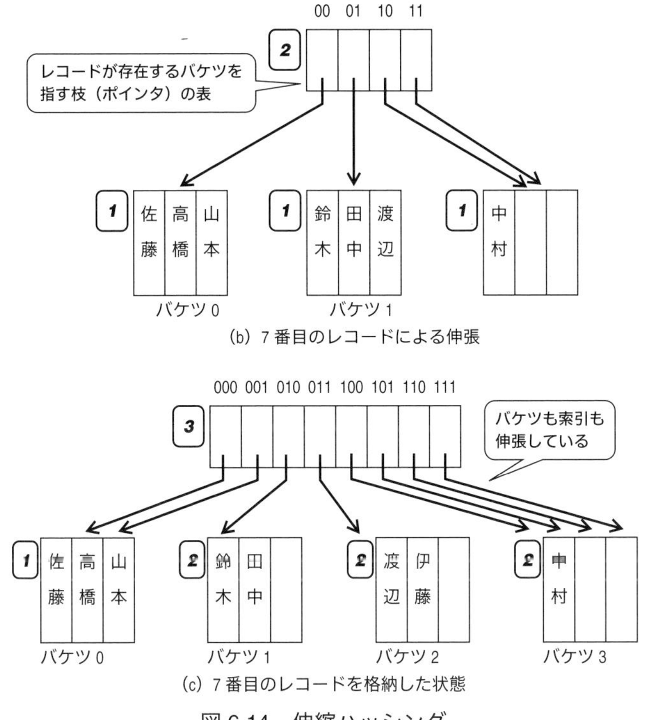


図 6.14　伸縮ハッシング

て，収容できない．そこで，これからは先頭の2ビットを使うように，バケツ番地表の標識$t$の値を1ビット増やして2にする．ただ，バケツは一つだけ増やして，先頭ビットが1の「中村」レコードは，この新しいバケツに収める．図6.14（b）のように，先頭のビットが1の二つの枝が一つのバケツを指すだけでよい．

次のレコード伊藤は$a=010$であるから，先頭の2ビットを使ってまずこのレコードをバケツ1に格納しようとするが，すでにいっぱいである．そこでこれからは先頭の3ビットを使うように標識$t$の値を拡大する．ここでもバケツは一つ増やせばいいだけであり，図6.14（c）のように複数の枝が同じバケツを指すことになる．

この方式では，バケツを必要に応じて柔軟に獲得していけばよく，$B^+$木のように索引を作っていく必要もなく，たいていの場合，枝を1回手繰るだけで目的のバケツに到達できる．しかしこの方式にも課題は残っている．

(1) 同じハッシュ値のレコードは，バケツの容量までしか格納できないので，それ以上は**あふれバケツ**などの工夫が必要になる．

(2) データをキー値の順番に取り出して一覧表を作ると行った「順」の呼び出しは苦手である．

こうして見てみると，ハッシングが依然としてファイルやデータベースの世界に活用されない原因がはっきりしてきた．もとのキー値の大小順を反映するハッシュ関数が見つかれば，究極の方法の完成となり，ファイルやデータベースにハッシングの応用が大いに浸透するであろう．

# データベースカフェ

**問 6.1** B 木の性能に関する次の文の空欄に適当な字句を埋めよ．

B 木における検索の費用を考える．B 木の一つの節点には，$k$ 個ないし $2k$ 個のキーがあるから，それぞれの節点は少なくとも［(1)］個の子をもっている．根節点だけは特別で，根節点は少なくとも［(2)］個の子をもつ．

木の根の深さを 0，全ての葉節点は同じ深さ $h$ にあるとする．キーを与えられて目的の節点を呼び出すためには，最低［(3)］個，最大［(4)］個の節点の呼び出しが必要である．

今，$h$ の取りうる値の上限を計算してみよう．深さ 0, 1, 2, ... の節点の個数は，少なくともそれぞれ $1, k+1,$［(5)］,... でなければならない．

この B 木は合計 $N$ 個のキーをもつとすると，深さ $h$ の節点の個数は $N$ を越えないから，［(6)］$\leqq N$，言い換えると，$h \leqq 1 + \log_{k+1}$［(7)］となる．このように，検索操作の処理の費用は，ファイルの大きさの［(8)］に［(9)］して増大する．

**問 6.2** 次のキー値が昇順に与えられるとする．

1, 3, 5, 7, 9, 11, 13, 15, 17, 19, 21

B 木はどのように構成されるか．一つの節点にたかだか 3 個の枝を含むことができる場合を説明せよ．

**問 6.3** キー値が増加し続けると，B 木の節点の分布はどうなるか．

例えば，学生が大学を卒業しても，学生番号を再使用せずに，次々に新しい（より大きな）学生番号を使用していく場合に，この学生番号をキーとする B 木の学生ファイルはどう変化していくかを考察せよ（この場合，卒業生の情報も削除しないものとする）．［Ullman, 1988］

また，同じキー値のレコードを連続して格納していくと，B 木の節点の分布はどうなるか．考察せよ．

最後の章は，データベースの安全確保についてである．ログ（控え）による障害回復と RAID によるメディアの長寿命化がおもな内容である．データベースを持続可能にするには，いかに煩わしい手当が必要であるか，実感されるであろう．

第7章

# 安全なデータベース

**データベースは，さまざまな原因で障害に見舞われる．コンピュータ自体の故障，外部記憶の故障，利用者の誤操作，あるいは悪意ある妨害など……不幸にしてそのような障害が発生したら，なるべく早くもとへ戻して，作業を再開したい．この章ではデータベースの安全を確保する技術を紹介する．**

## 7.1 壊れないデータベース

データベースには，さまざまな障害が発生して，貴重な情報が失われてしまう恐れが常にある．始めから壊れない装置（例えば，一度記憶したら1000年は消えないような記憶媒体）のうえに永続的なデータベースを構築する，という研究もあるが，今なお技術的な革新が必要で，完成までにはあと50年くらいはかかりそうである．それに，今はデータベースといっても，実世界の「もの」や「つながり」に関するデジタル情報を，ネットワークで接続されたコンピュータで管理しようとしているだけであって，「もの」や「つながり」そのものを扱っているわけではない．すなわち，私たちが享受しているデジタル文化は案外，底が浅いのである．

障害が発生しても，大切な情報が失われてしまわないための備えは，**複製**（コピー）を作成しておくことである．復旧のために作っておく複製を**バックアップ**（backup）という．データベースの内容は時々刻々と変化するし，障害の種類によって，影響範囲も異なる．複製の作成を適切に工夫して，復旧作業にはなるべく時間がかからないようにしたい．そして，できることなら，コンピュータを停止させずに復旧したい．データベースは外部記憶にあり，必要に応じて主記憶に読み込んで処理される．必要な情報を読むだけであれば，読み込んだデータをデータベースに書き戻す必要はないが，データの変更は外部記憶のデータベースに反映させなければならない．主記憶上には，バッファという入出力用の特別な領域があり，読み書きはここを経由して行われる．データの転送は，データベースシステム，操作システムのソフトウェアが行うので，利用者の目には触れない．書き戻したつもりでも，まだバッファにとどまっていたりもするので，さらにややこしい．

本章では，データベースシステムに発生する障害のうち，トランザクション障害とメディア障害を中心に検討し，それぞれに対応しうるバックアップの方法を検討する．たいへん面倒な作業であるが，丁寧に対応してあるほど，いざというときの役に立つ．この章の内容は，データベースシステムが担当してくれるので，利用者が直接意識することはあまりない．ましてやデータベースは雲の彼方において，必要に応じて使うという人は，かかわりがないと思うかもしれない．しかし，データベースを実際に操作するとき，それは自分の手元にあるものなので，データが消失したり，故障したりしないよう，保護してやらなければならない．それぞれに対応するソフトウェア，ハードウェアは，システム側から提供されるので，必要な水準などを設定するだけでいいことが多い．

## 7.2　トランザクションと障害回復

データベースを操作するひとまとまりの作業を**トランザクション**（transaction）という．ひとまとまりの作業とは，データベースを一つの首尾一貫した状態から別の首尾一貫した状態へ移す，不可分な仕事という意味である．関係代数の一つの演算，SQL言語の一つの文がトランザクションを構成することもあるが，そうした演算や文の並びであって，複数の関係表を必要とする不可分な仕事を指すことが多い．

「倉庫Aから店舗Bへ商品Xを$n$個移す」というのは，典型的なトランザクションである．このトランザクションは，「倉庫 A の商品 X の在庫量から $n$ を引く」操作と，「店舗 B の商品 X の在庫量に $n$ を加える」操作との 2 段階からなる．このトランザクションの実行前と実行後とで，倉庫 A と店舗 B の商品 X の在庫量の合計は変わらない．こうしたトランザクションが中断すると，データベースの内容が無意味になるので，いったん始まったら完了してしまわなければならない．また，途中でほかのトランザクションの悪影響を受けてはならない．そして，中断してしまった場合には，ほかへの悪影響を打ち消しながら，始まる以前の状態に戻さなければならない．

一体化（atomic）していて，首尾一貫（consistent）している，ほかの影響を受けない（isolated），耐久力（durable）があるという言葉の頭文字をつないで，**ACID** unit of work とか，**論理作業単位**（logical unit of work）ともいわれてきたが，今では，事務処理の「取引」を意味する用語である**トランザクション**を使う．SQL 言語では，SQL トランザクションと呼ぶ．

## 7.3　控えという備え

まず，会社の基本給表を改訂する作業を考える．基本給表には，基本給の区分と給与値とが書いてある．ベースアップにともなって，給与値の列を書き換える．これは，一つの表の操作だけからなる単純なトランザクションであり，いったんデータ操作を始めたら，完了したい．なんらかの事情で中断すると，困った文書になる．電源が切れてしまうなどの障害が発生しても，操作を中断しないために，データ操作の各段階を細かく記録しておく．そうしたデータ操作の作業記録を**控えファイル**（log，**ログ**），**控えレコード**という．log は作業日誌という意味である．データベースだけにとどまらない情報システム全体の詳細な作業日誌を**ジャーナル**ともいう．

単純なトランザクションは，キーボードから入力する一つの文やコマンドで構成される．この場合は，とくに指定しなくても，文やコマンドを実行する前にトランザクションを開始し，それを実行した後に終了する．複雑な作業で，文やコマンドの列がトランザクションを構成している場合は，トランザクションの開始

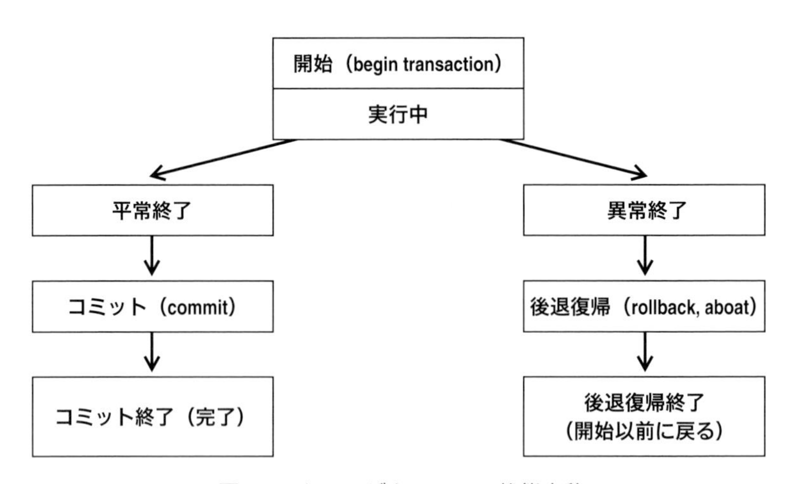


図7.1　トランザクションの状態変移

や終了は自明ではないので，利用者自身がそれを宣言しなければならない．SQL言語には，トランザクションの「**開始**」「**完了**」「**異常終了**による**取消し**」の三つの文が用意されている．トランザクションは，実行開始から終了まで，**図7.1**の状態を推移する．トランザクションの実行中にデータベースを変更した場合，その変更がいつデータベースに反映されるかは，操作システム，入出力管理システムとがからみ合った問題である．トランザクションの終わりに到達するか，利用者がコミット（commit，ゆだねる）と宣言すると，そこまでに実行してきた変更が全て実際のデータベースに反映され，ほかのトランザクションからも見えるようになる．なんらかの障害が発生して異常終了するか，後退復帰（rollback, aboat，廃棄する）と宣言すると，そのトランザクションの実行開始以前の状態に戻る．開始を宣言したトランザクションは，終了したときに，コミットか後退復帰と宣言しなければならない

トランザクションの実行中には，システムが**控えレコード**を自動的に作成し，管理する．そこには，識別番号，変更する情報の名前（複雑になるので，本章では単に「データ名」とする），現在の値，変更後の値などが記録されていく．トランザクションの開始＜$T_i$ 開始＞，コミット＜$T_i$ コミット＞も記録する．

| 控えの通し番号 | トランザクション識別番号 $T_i$ | データ名 | 変更前の値 | 変更後の値 |
|---|---|---|---|---|
| 019871 | $T_0$ | begin transaction | | |
| 019872 | $T_0$ | 1級3号 | 1000 | 1150 |
| … | … | … | … | … |
| 019899 | $T_0$ | commit | | |

図 7.2 控えの例

**図 7.2** の 019871 は，控えレコードの通し番号である．以降の例では，控えの通し番号は省略する．トランザクション $T_0$ が 1 級 3 号の値を現在の 1000 から 1150 に変更した．図 7.2 には，トランザクション $T_0$ が始まって終了するまでの全ての変更が記録してあるので，なにかの理由で $T_0$ を再現したいときには，これを参照していけば，データベースに $T_0$ が及ぼした変更を再現できる．つまり，データ操作を**再実行**（redo，rollfoward）できる．これは $T_0$ プログラムを再度実行しているわけではなくて，計算結果を必要に応じて再利用しているだけである．$T_0$ が終了していない場合は，$T_0$ を実行中に障害が発生したことがわかり，$T_0$ がデータベースに及ぼした変更をもとに戻していく**後退復帰**（undo，rollback）をすることができる．後退復帰も控えをもとに行われる．

こうした控えは，データベース本体とは別の装置上に格納しておくほうが望ましい．ワープロや表計算ソフトなどでも，これに類似した機能はあるが，本体と同じ場所に記憶するので，安全とは言い切れない．

変更前の値と変更後の値は両方必要であろうか．変更する前の値（before image，現在の値）を記録していけば，後で変更を取り消してもとに戻すことができる．変更した後の値（after image）を記録していけば，後で変更を再現していくことができる．システムによっては，変更前の値は控えないなどの方式があるが，丁寧に控えを取っておくほど，後で回復が容易になる．

データベースの内容を変更するつど，こうした控えを作り，まず控えをどこかに記録してから，実際にデータベースを変更する．データベースを変更してから控えを書き出すのでは，その途中で発生しうる障害に対応できない．この控えを先に書き出す方式を**控え先行書き出しプロトコル**（write ahead log protocol）という．

## 7.4　複数トランザクションの同時実行制御

首尾一貫したトランザクションを一つずつ順番に実行していけば，混乱は生じない．これをトランザクションの**直列**（serial）**実行**という．こうしたトランザクションは，直列可能，あるいは可直列であるという．

もちろん直列実行といっても，実行順番が変わると結果が異なることはある．座席予約システムで，ある公演の残席が 5 である場合を考えてみよう．3 席，5 席という順番に予約トランザクションが来ると，3 席の予約を完了して，残席は 2 なので，次の 5 席の予約はできないという結果になる．逆に 5 席，3 席という順番に予約が来ると，5 席の予約は完了し，残席がなくなるので，3 席の予約はできないことになる．

呼出し時間が遅い外部記憶にあるデータベースを利用する場合の，コンピュータの実行効率を考えると，複数の利用者（トランザクション）がデータベースを同時に変更することも可能にしたい．これを**同時実行**というが，よく考えておかないと，混乱が生じる．同時実行の可能性をなるべく大きく残しつつ，意味的に首尾一貫した状態を保ちたい．こうした工夫を**同時実行制御**（concurrency control）という．

二つのトランザクション $T_1$ と $T_2$ とが同時に同じ関係表を読んだり書いたりする作業を検討してみよう．

① $T_1$ が変更するデータを，コミット前にほかのトランザクション $T_2$ に変更させてはならない．$T_1$，$T_2$ が同じデータの変更を重ねると，前者が消えてしまう．これを更新が紛失する（lost update）という．

② $T_1$ が変更するデータを，コミット前には $T_2$ には読ませないほうがよい．$T_2$ が $T_1$ の変更前のデータを読み，しばらくして変更後のデータを読んでいたら，別の値になっている恐れがあるためである．

これを，繰り返せない読込み（unrepeatable read）という．また，$T_1$コミット前に障害が発生すると，$T_1$は後退復帰して実行開始前の状態に戻るかもしれない．この場合，すでに$T_2$には，無意味な値を読ませてしまっているかも知れない．この現象を汚染データの読込み（dirty read）という．

③　$T_1$が読むだけのデータでも，$T_2$に変更は許さないほうがよい．②とは反対に，$T_1$が同じデータを2回呼んだら，その間に$T_2$がデータを変更してしまっていて，別の値を読む恐れがある．これを**幻データ**（phantom data）の読込みという．

結局のところ，$T_1$が読むだけのデータは，$T_2$に読ませてよい．言い換えれば，読むだけのトランザクションには複数同時実行しても安心であるといえる．

## 7.5　施錠による同時実行制御

### （1）　共有錠と専有錠

同時実行の可能性をなるべく大きく残しつつ，意味的に首尾一貫した状態を保つ方式として，**施錠**（locking），**時刻印**（time-stamping），**楽観主義**（optimism）などが研究，開発されている．ここでは，古典的な施錠方式についてだけ述べる．

施錠による同時実行制御は次の手順で行われる．

①　対象にかける2種類の錠を設定する．錠といっても金物ではなくて，ソフトウェアで実現する．

**共有錠　shared lock**——ほかのトランザクションが同時に読むことは許す．変更は許さない．

**専有錠　exclusive lock**——ほかのトランザクションには，同時に読むことも変更することも許さない．排他ロックなどともいう．

②　トランザクションは，読むだけのデータには共有錠を，変更するデータには専有錠をかける．作業が終われば，錠を外す．施錠の範囲をどうするか．施錠，解錠の時期をどうするかを考えなければならない．

③　**可能な施錠の組合せ**——**図 7.3** は，現在の施錠に対して新しい施錠要求をどこまで認めるかを示す．×は，要求を認めないことを意味し，この場合，

| 新＼現 | なし | 共有錠 | 専有錠 |
|---|---|---|---|
| なし | ○ | ○ | ○ |
| 共有錠 | ○ | ○ | × |
| 専有錠 | ○ | × | × |

図7.3　共存できる施錠

そのトランザクションはふつう解錠まで待つ．

以下で，トランザクションを実行する際に，覚えておきたい用語について解説する．

**（2）　時間表**

トランザクション $T_1\cdots$，$T_n$ を構成する全ての基本要素 $T_{ij}$ を併合（マージ）した系列を時間表 schedule という．マージするとは，$T_{ij}$ のどの $i$ についても大小順に並んでおり，さらに，$i$ を固定すると，$j$ の大小順に並んでいるような系列を作るということである．

$$T_{11}T_{12}T_{21}T_{13}T_{22}T_{31}T_{23}T_{32}T_{14}T_{33}T_{15}T_{34}T_{16}$$

トランザクションを一つずつ独立に，直列に実行したときと同じ結果をもたらす時間表を**可直列**（serializable，あるいは**直列可能**な）**時間表**といい，そうした時間表によるトランザクションの実行は可直列あるいは直列可能であるという．

**（3）　整形式の施錠**

読み込むデータ，変更するデータに正しく施錠し，終了前に正しく解錠するトランザクションは，**整形式**（well-formed）であるという．

トランザクションが整形式であっても，十分に注意して施錠，解錠しないと，可直列でない時間表や，すくみ（デッドロック）が発生する時間表ができる．

ある施錠規約を守る時間表を，その施錠規約のもとで**合法**（legal）な時間表であるという．合法な時間表が全て可直列になるようなトランザクションの集まりは，**安全**（safe）であるという．すなわち，安全なら可直列であるといえる．

それでは，安全なトランザクションを実現する施錠規約はなんだろうか．

トランザクションが，①施錠ばかりしていく段階，②解錠ばかりしていく段階の２段階からなるとき，そのトランザクションは２相である，あるいは，**２相施錠の規約**に則っているという．全てのトランザクションが正規形であり，２相施錠の規約に則っていれば，それからできるいかなる合法な時間表も安全である．これを**同時実行の安全定理**という．安全であるとは，常に可直列であること意味する．

### （４）　施錠の階層

施錠の単位は大きいほど安全であろうが，大きくすると同時実行の範囲が狭まる．データベース全体に専有錠を掛けると，ほかのトランザクションがなにもできなくて安心であるが，同時実行もできなくなる．逆に範囲が狭いほど，同時実行の幅が広がる．しかし狭すぎると，処理の負荷は増える．

基本的に，変更する表には専有錠を掛け，読むだけの表には共有錠を掛けるという配慮をする．大きい表の数行だけ変更するといった場合に，表全体ではなくて行単位に施錠することも考えられる．こうしたデータの階層（データベース—表（ファイル)—行（レコード)—列（項目））に考慮して，表に「下位の行に専有錠をかける意図がある」といった錠を設定する方式もある．

### （５）　トランザクションの隔離性

SQL 言語では，トランザクションを同時実行する場合の**隔離性**（isolation）を設定する機能があり，SET TRANSACTION ...　；という文で，利用者がトランザクションの隔離性の水準（**図 7.4**）を選ぶことができる．

```
SET TRANSACTION   ...
  ISOLATION
  {SERIARIZABLE|REPEATABLE READ|READ COMMITTED|
   READ UNCOMMITTED};
```

{... | ...} は，いづれか一つを選べることを示す．それぞれの水準では，この指定をしたトランザクションが関係表の読込みや更新をした場合に，ほかの同時実行トランザクションにどのような影響を与えるか，あるいは与えないかを示す．どの水準でも，更新は紛失しないことが保証されている．

あるトランザクション $T_1$ を

| | 汚染データの読込み | 繰返せない読込み | 幻データの読込み |
|---|---|---|---|
| SERIALIZABLE | 起きない | 起きない | 起きない |
| REPEATABLE READ | 起きない | 起きない | 起きうる |
| READ COMMITED | 起きない | 起きうる | 起きうる |
| READ UNCOMITTED | 起きうる | 起きうる | 起きうる |

図 7.4　SQL 言語の隔離性水準

SET TRANSACTION SERIALIZABLE;

と指定すると，$T_1$ の隔離水準が直列実行と同じ効果を生み，このほかの同時実行トランザクションに異常な読込みはなにも発生しない．つまり，$T_1$ は，更新するデータに専有錠を，読むだけのデータには共有錠を適切なタイミングで掛けて，解錠することを意味する．

SET TRANSACTION READ UNCOMMITTED; と指定すると，$T_1$ と同時実行中のトランザクションに，三つの読込み異常が発生しうる．つまり，$T_1$ は，ほかのトランザクションの全てのデータ（コミット後のデータ，まだコミットされていない変更データ，読込みを許可された全てのデータ）を読むことができるが，さまざまな危険を起こす可能性がある．

**（6）　デッドロック**

2 層施錠なら安全であるが，すくみ（デッドロック）がないことまでは，保証されていない．**図 7.5** は，1998 年度春期データベーススペシャリスト試験問題午前問 33 をもとに編集したものである．図では，トランザクション $T_1$ と $T_2$ が二つの関係表を更新しようとしている．図中の番号はその処理の実行順序を示す．データベース管理システムは 2 層施錠の規約に則っているものとする．すなわち関係表の更新直前にその表に専有錠で施錠し，トランザクション終了時に解錠するものとする．①②でトランザクション $T_1$ と $T_2$ が始まる．③で $T_1$ が関係表 $X$ に施錠して，$X$ を更新する．④で $T_2$ が関係表 $Y$ に施錠して，$Y$ を更新する．⑤で $T_1$ が $Y$ を更新するために $Y$ に施錠しようとするが，すでに④で $T_2$ が $Y$ に施

| トランザクション $T_1$ |
|---|
| ① トランザクションの開始 |
| ③ 関係表 $X$ の更新 |
| ⑤ 関係表 $Y$ の更新 |
| ⑦ トランザクションの終了 |

| トランザクション $T_2$ |
|---|
| ② トランザクションの開始 |
| ④ 関係表 $Y$ の更新 |
| ⑥ 関係表 $X$ の更新 |
| ⑧ トランザクションの終了 |

図 7.5　デッドロックの検出

錠しているので，先へ進めなくなる．システムは⑥に移って，$T_2$ が $X$ を更新するために施錠しようとするが，$X$ には③で $T_1$ が施錠しているので，こちらも先へ進めなくなる．この時点でデッドロックになる．この現象は 2 相施錠の規約に則っていても，防げない．

## 7.6　同時実行トランザクションの控え

複数のトランザクションが同時に進行する環境の控えが必要な場合，トランザクション識別番号が役に立つ．障害が発生して控えを辿る場合に，辿る範囲を限定するため，区切り目を設定する．これを**検問点**（check point）といい，以下の二つの種類がある．

① **完全検問点**――控えの内容に完全な切れ目を作る．新しいトランザクションは開始せずに，実行中の全てのトランザクションが終了し，コミット処理が終わるまで待つ．すでに異常終了していたトランザクションは後退復帰する．控えには<完全検問点>とだけ書いておく．異常が発生して控えを後ろから調べていくときに，控えレコード<完全検問点>が見つかると，それ以上，控えをさかのぼる必要はない．これは，明快な切れ目であるが，実施するには時間がかかる．

② **中間検問点**――実行中のトランザクションはそのままの状態で，控えの内容に区切り目を作る．控えには<中間検問点 $T_m$，$T_n$，...>と，実行中の全

| 完全検問点 | | | | ここで控えの区切り |
|---|---|---|---|---|
| $T_0$ | 開始 | | | **$T_0$ の開始** |
| $T_0$ | $x$ | 1 000 | 950 | |
| $T_1$ | 開始 | | | **$T_1$ の開始を確認**．これ以前には戻らない．<br>→　ここから $T_1$ の redo 処理に |
| $T_0$ | コミット | | | |
| 中間検問点　$T_1$ | | | | $T_0$ は検問点までに完了している．$T_1$ は実行中． |
| $T_2$ | 開始 | | | $T_2$ は，開始以前の状態に戻す |
| $T_2$ | $y$ | 2 000 | 2 500 | |
| $T_1$ | $z$ | 6 00 | 700 | $T_1$ はひとまず飛ばす（あとで redo） |
| $T_2$ | $w$ | 1 200 | 2 000 | $T_2$ は未確定なので，undo（戻す） |
| $T_1$ | コミット | | | **$T_1$ コミットを確認** |
| （障害発生） | | | | 控えをさかのぼって調べる |

図 7.6　同時実行トランザクションの控え

てのトランザクションの識別番号も記録する．終了したトランザクションは，コミット終了まで待つ．異常が発生して控えを後ろから調べていくときに，控えレコード＜中間検問点＞が見つかって，そこに記録してあるトランザクションについては，さらに控えをさかのぼる必要がある．検問点を設定する時間は短くて済むが，障害回復に時間が掛かる．**図 7.6** に，中間検問点を含む控えの例を示す．

## 7.7　メディア障害

コンピュータの記憶装置の概要については **6 章**で触れた．世界最初のディジタルコンピュータを標榜するENIACは真空管を約17 000本使っていた．当時の真空管の平均寿命は約2 000時間だったというから，17 000本使っていると，そのうちのどれか1本が切れるまでの平均時間は約6分である．だから「そんな機械で有意義な計算などできるはずがない」という学者もいたという．実際のENIACは，真空管の使用電圧を低くする，回路を2重にするなど，さまざまな工夫を凝らして，実用的な計算時間を確保しようとしたという．こうした工夫は，データベースを格納する記憶装置で今も続いている．

データベースは通常，**ハードディスク**という磁気記憶装置に格納する．一般的に，ハードディスクと呼ばれることが多いが，実際には磁気記録を行う媒体（メディア，円盤，ディスク）だけではなく，メディアと一体化した記録ユニット（装置）のことを指す．ハードディスクでは，大容量で高速にバックアップが取れるが，磁気や衝撃には弱い．記録媒体（メディア）そのものの損傷は，機械部分の故障の結果として発生する．つまり，ハードウェア上で起こる障害に弱い記録媒体である．またハードディスクの性質上，その修理には高度な設備と技術，多大なコストが必要となり，一度壊れたら，次のものに買換えを考えたほうがよい．

**フラッシュメモリ**は，半導体技術による不揮発性の記憶媒体である．これを組み込んだ記憶装置をUSBメモリ，シリコンディスク，あるいは半導体ディスク（外部の形状やインタフェースはハードディスクと同じで，内部ではフラッシュメモリを使っている）などと呼ぶ．フラッシュメモリは不揮発性とはいえ，書換え回数に制限があり，それを克服するためのさまざまな工夫が組み込まれているが，複雑な構造から寿命を予測しにくい．

余談であるが，半導体ディスクを補助記憶として搭載したパソコンを筆者が初めて購入したのは，2008年のことである．梱包を開くと1枚の告知が入っていて，それを読んで衝撃を受けた．当時の技術変化の速度から考えれば，「どうせパソコンは2，3年で買い換える，家電商品に近いものである．ハードディスクにも寿命があり，フラッシュメモリの寿命も永続的でなくてもよい．」ということだったのであろうか．告知文をそのまま以下に引用する．

**■有寿命部品について**

フラッシュメモリドライブは有寿命部品です．有寿命部品の交換時期の目安は，使用頻度や使用環境（温湿度など）等の条件によって異なりますが，本製品を通常使用した場合，1日に8時間，一ヶ月で25日のご使用で約5年です．上記目安はあくまで目安であって，故障しないことや無料修理をお約束するものではありません．

なお，24時間を越えるような長時間連続使用など，ご使用状態によっては早期に，あるいは製品の保証期間内でも部品交換（有料）が必要となります．

社団法人電子情報技術産業協会「パソコンの有寿命部品の表記に関するガイドラインについて URL：http://it.jeita.or.jp/prerinfo/...」

本書をお読みになったあとは，必ず製品に付属の取扱説明書といっしょに大切に保管して下さい．

## 7.8　RAID

### 7.8.1　時間の試練に耐えたアイデア

ここではまず，RAIDのアイデアが登場してから，人々に受け入れられていった時代背景に触れておきたい．データベースの分野には，二つの大きな国際会議がある．アメリカ計算機学会（ACM）のデータ管理国際シンポジウム（ACM International Symposium on **SIGMOD**）と大規模データベース国際会議（International Conference on Very Large Data Bases, **VLDB**）とである．

どちらの学会にも，10年前を振り返って「時間の試練に耐えた」論文，つまり10年前の同じ会議で発表された論文のなかで，現在，振り返ってみて後世に最も多大な影響を与えた論文を表彰する制度がある．

ACM SIGMOD1988の“Test of Time” Award（1998年6月）受賞者は，カリフォルニア大学のPattersonで，10年前の受賞対象論文は，David Patterson, Garth Gibson and Randy Kats, “A Case for Redundant Arrays of Inexpensive Disks

(RAID)", Proc. SIGMOD 88 という，RAID の提案である．Patterson はアイデアマンで，ほかに RISC の提案などでも高名である．この研究は，Garth Gibson の博士論文であり，Patterson はその指導教官であった．Gibson 自身の博士論文も，"Redundant Disk Arrays：Reliable, Parallel Secondary Storage" という題名で，1991 年に MIT Press から出版されている．RAID は，今日，ほとんどの情報システムに採用されており，情報技術に大きな影響を与えた論文の一つであるといえる．SIGMOD'98 の受賞記念にて Patterson は，"Intelligent Disks：An Evolutionary Approach to Scalable Database Infra-structure" という講演を行い，ディスクに低価格の埋込み型プロセッサ，主記憶，高速ネットワーク接続機能を持たせた iDISK（Intelligent Disk）を提案している．

VLDB'98（1998 年 8 月）における "10 Year Best VLDB Paper Award" 受賞者は，Integrated Data Systems 社の Dina Bitton と Microsoft 社の Jim Gray であった．VLDB'88 で発表された受賞論文は，Dina Bitton と Jim Gray による "Disk Shadowing" である．disk shadowing は，同じ内容のディスクを 2 基以上用いる方式で，信頼性を向上させるだけではなくて，スケジューリングを上手に行えば，システムとしての I/O 性能を大きく向上させることができることを論じている．Dina Bitton と Jim Gray は，VLDB'98 で "Rebirth of Database Machine" という記念講演を行った．1988 年には Jim Gray は，「止まらないコンピュータ」Non Stop サーバの生みの親である Tandem Computers 社に勤務していた．10 年後の 1998 年には，Microsoft 社に移っている．Jim Gray は 2007 年にカリフォルニア沖で行方不明になり，現在では残念ながら逝去したと考えられている．

### 7.8.2　MTBF と MTTF

装置の信頼性の代表的な指標として **MTBF** と **MTTF** とがある．MTBF（mean time between failure，平均故障間隔）は，故障がどのくらいの時間間隔で発生するかという尺度である．故障が発生したらすぐに修復できる環境を想定している．MTTF（mean time to failure，平均故障時間）は，最初に故障が発生するまでの時間の平均である．故障が発生したらそれでおしまいの装置，例えばロケットや外部記憶に対して意味がある．

磁気ディスク技術が進歩して，大容量の磁気ディスクが大量に普及しているが，その MTTF は5年，あるいは，3年（26 280 時間）以内という説がある．半導体ディスクは構造上の寿命問題があり，回避するためにさまざまな工夫が行われているが，明確な数字ははっきりしない．ハードディスクや半導体ディスクでは，「1日8時間，月に25日使用して，5年」という表現を見ることがあるが，これで12 000時間になる．こうしたドライブを100台使ったシステムなら，12 000時間の間に100台は故障するから，システムとしての MTTF は120時間しかない．1 000台使用したシステムなら，12時間である．これでは半日に1回はどれかのドライブが故障する計算になる．

もちろん高価なディスクでは，300 000時間というものもある．しかし，現状では，ハードディスクと呼ばれる inexpensive disks（価格の割には優れたディスク）をたくさん使って，システムを構成するほうが得策である．すなわち信頼性の向上という課題にあたり，情報技術の分野で従前から行われている「冗長性をもたせる」方策として **RAID**（redundant array of inexpensive disks）を導入する．RAID はハードディスクの信頼性を高めるために，誤り訂正符号，パリティ符号をディスク群のなかに巧みに組み込んで，冗長性を生かした高信頼ディスクを実現する五つの方式を提案している．

以下では，磁気ディスクや半導体ディスクをまとめた議論するために，ディスクユニットに相当する用語として，**記憶モジュール**を使うこととする．コンピュータと記憶モジュールとの間で読み書きする基本単位をブロックとする．

なお，一度障害が発生して，その修復作業の途中で重ねて障害が発生する場合など，二重以上の障害の発生は実務上，当然起こりうる．しかし以下では，まず基本的な RAID の考え方を修得することを目的としているため，考慮していない．

### 7.8.3　RAID の基本的な考え方

RAID は安価な記憶モジュールをたくさん使ったシステムで，冗長な情報を使って，信頼できる高性能構成を実現することを目指している．論文では5段階の方式が提案，検討しており，「RAID 水準1」などと命名されているが，ここでは RAID-1 と表記する．以下，同様である．

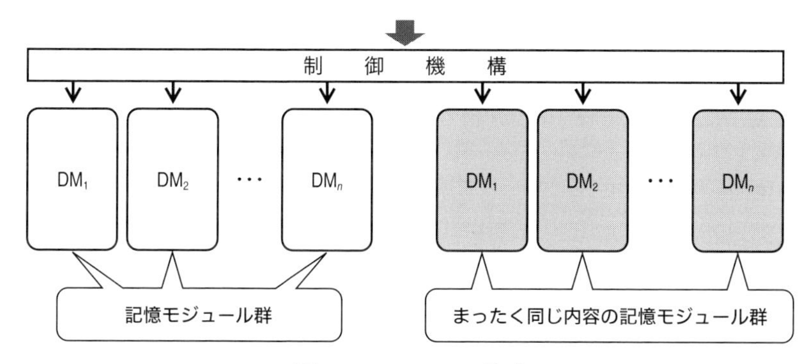


図 7.7 RAID-1 の構成

### （1） RAID-1 の構成

信頼性を向上させる単純な方法は，同じ内容のバックアップを一つ以上保持することである（**図 7.7**）．二つの記憶モジュールで同じ情報を二重に記録するやり方を**ミラーリング**（mirroring）という．三重以上の複製を維持するやり方を**シャドウイング**（shadowing）という．

**RAID-1** は，ミラーリングである．書くときは，同じ内容を 2 回記録するので，書出しの回数が倍になり，それにしたがって必要な記憶容量も倍になる．読むときは，速いディスクから読めばよい．記憶モジュールが壊れても，もう一方の記憶モジュールにバックアップがあるので，これを使って作業を継続でき，その間に故障したモジュールを良品に取り替えることができる．別段のバックアップ作業や修復のための時間も必要でない．

ミラーリングは構成が簡単で，記憶モジュールはどんどん価格が下がっているため，RAID-1 は大いに普及している．ただ，RAID-1 では，記憶モジュールが壊れるとバックアップから復旧できるが，操作ミスやウィルスなどによる悪意のある破壊からデータを守ることはできない．自分で誤って消去したデータベースの内容は，もう一方のモジュールからも消えているから，復元することはできない．また，ウィルスや，悪意のあるソフトウェアがディスクのデータベースを消去すると，もう一方の内容も自動的に消えてしまう．

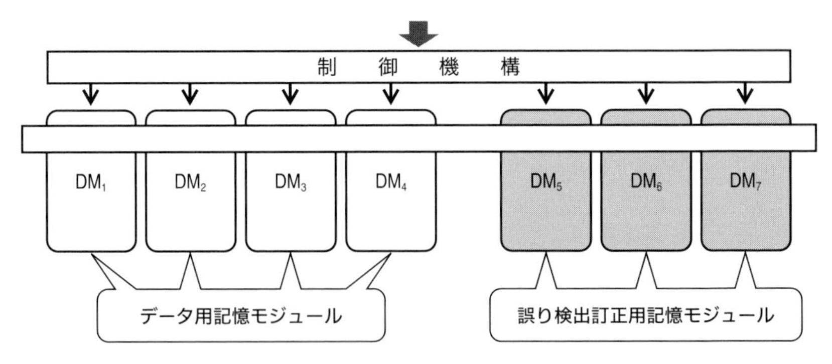


図7.8　RAID-2ハミング符号方式（データは1ビットずつ帯状に）

### （2） RAID-2の構成

RAID-1のように完全に二重にしなくても，障害が発生したら，その場所を検出して，修復できればよい．情報通信の分野では，データの誤りを検出，訂正する符号の研究が昔から進んでいる．その一つが，R. Hammingによる**誤り訂正符号**（**ハミング符号**）である．ハミング符号の詳細は符号理論の入門書にゆずるとして，データをハミング符号化しておくと，1符号当たり1ビットの誤りを検出，訂正できる．もとのデータ長が4ビットなら，検査と訂正用に3ビット必要で，全体としては7ビットのハミング符号になる．これを（7, 4）ハミング符号という．ハミング符号は（1, 3），（2, 5），（3, 6），（4, 7），…と構成できる．一つの符号を1基の記憶モジュールに格納すると，そのモジュールに障害が発生した場合に修復できないので，RAID-2では，ハミング符号をビット単位で各訂正用記憶モジュールに記録する．**図7.8**は（7, 4）のハミング符号を使った例で，本来のデータ用に4基，誤り訂正情報用に3基，合計7基の記憶モジュールが必要になり，各記憶モジュールで横方向に1ビットずつ符号を配置していく．読むときは，7基全体を同時に呼び出す．

モジュールを横断してデータを配置する方式は，ストライピングといい，並列処理の効果を期待できる．しかし，ふつう記憶モジュールに対してはブロック単位で情報を配置するので，ビット単位というのは実情に合わない．

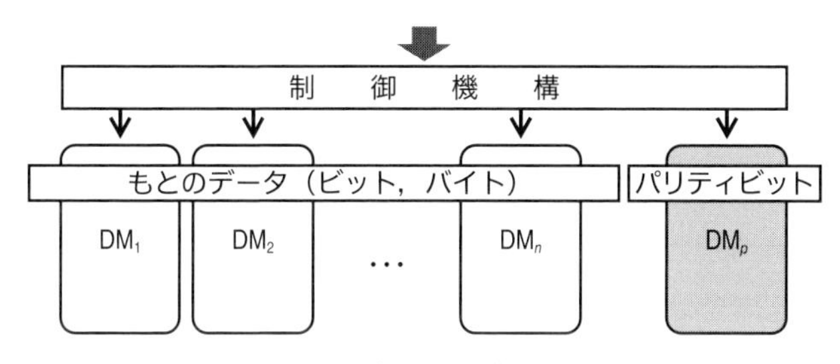


図 7.9 RAID-3 パリティビットモジュール

### (3) RAID-3 の構成

RAID-2 がハミング符号を使うのに対して，RAID-3 は**パリティ検査**を使う（**図 7.9**）．パリティ検査だけでは，誤りの発生は検出できるが，誤りの位置まではわからない．しかし誤りが発生した位置は制御機構が検出するから，一重の誤り検出訂正ならパリティ検査があれば十分である．RAID-3 でも，データはビットあるいはバイト単位で帯状に分散配置（ストライピング）し，誤り検出訂正には，1 モジュールだけを使う．

パリティ検査は，情報通信における基本的な誤り検出法の一つである．決まった長さのビット列（もとのデータ）ごとに，パリティビットと呼ぶ検査用のビットを別に一つ付加して，もとのビット列の中の 1 の個数を奇数か偶数に統一する．例えば偶数パリティでは，10111101 というビット列には 1 が 6 個存在するので，パリティビット 0 を付加して，10111101 0 とする．01110011 というビット列には 1 が 5 個存在するので，パリティビット 1 を付加して，01110011 1 とする．もとのデータの転送や読み書きは，常にパリティビットを付加した形で行い，操作が終わるたびに 1 の個数を調べる．全体として 1 の個数が偶数であれば正しいし，奇数になっているとどこかで誤りが発生したことがわかる．奇数パリティも同様である．これでは，もとのデータ中で誤りが発生した位置までは，わからない．しかし，制御機構は，どのモジュールで誤りが発生したことを知っているはずなので，訂正もできることになる．

### (4) RAID-4 の構成

RAID-4 は，RAID-3 の**ストライピング**を**ブロック単位**に行う構成にしたもの

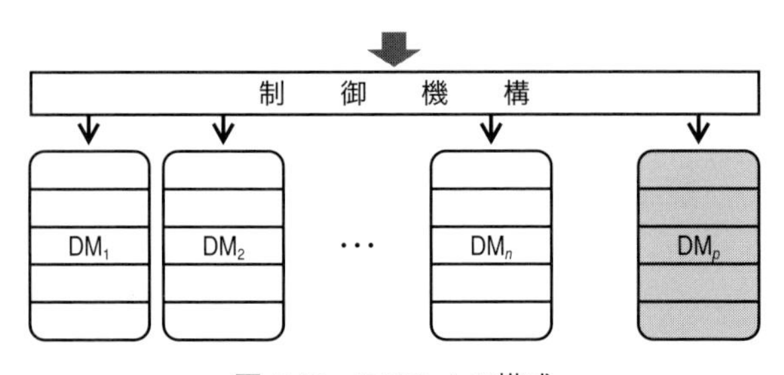


図 7.10　RAID-4 の構成

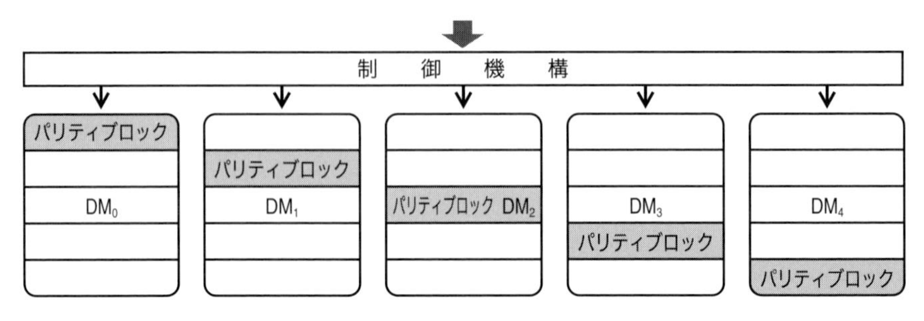


図 7.11　RAID-5 の構成

である．記憶モジュールごとにブロックアクセスができて，入出力の能率が向上する．この方式では，どこかのブロックに情報を書き出す場合

① 書き出す記憶モジュールを読む
② 対応するパリティブロックを読む
③ 新しいデータを書き出す
④ パリティ情報を更新する

の 4 回記憶モジュールの読み書きが必要になる．しかも，どこかのブロックの入出力ごとに，パリティ情報がある記憶モジュールの入出力が必要であり，このモジュールに読み書きの負荷が集中するという欠点がある．**図 7.10** で，$DM_p$ はパリティビットのブロックである．

**（5） RAID-5 の構成**

RAID-4 の弱点を克服するために，パリティ情報も巡回的に全てのディスクに分配する構成を RAID-5 という（**図 7.11**）．パリティ情報が各記憶モジュールに

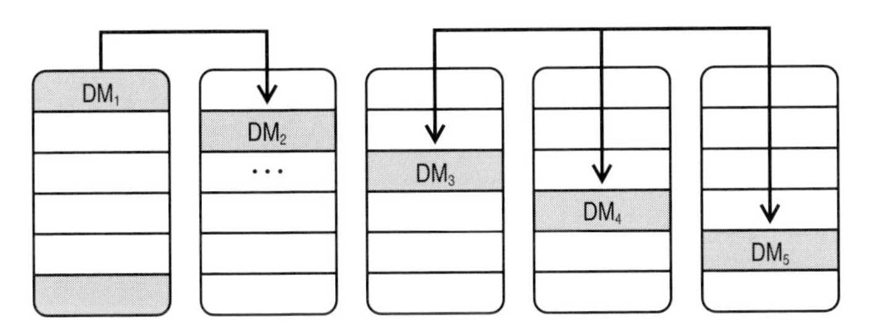


図 7.12　同時処理可能な記憶モジュール群の例

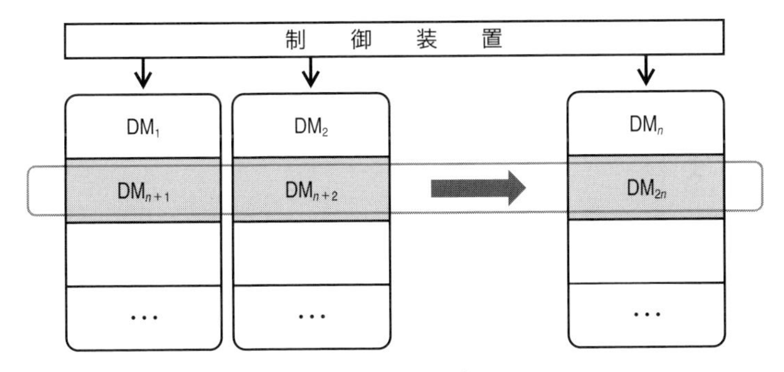


図 7.13　ストライピングだけの構成

分散されるので，アクセスの集中が避けられるほか，記憶モジュールを並列に読み書きすることが可能になる（**図 7.12**）．

RAID は，価格が低下するディスクに冗長度をもたせて信頼性を向上させたシステムの提案であった．RAID の最初の論文では，以上の五つの方式が提案され，検討されていた．この考え方が広く受け入れられたので，その後，五つの組合せや $n>5$ の RAID-$n$ のさまざまな提案が行われているが，基本的な事項については以上に尽きる．

**（6） ストライピングだけの構成**

冗長な情報などはなにも準備しないが，ストライピングだけをする構成がある（**図 7.13**）．これは RAID の提案よりも以前から行われている方式で，やりかたによってはアクセス時間が短くなるなどの長所がある．障害回復のための方式ではないので，どこかで障害が発生したときにその範囲を限定できるが，障害が発生したモジュールのデータは全て失われる．半導体記憶装置を使っていると，データを並列に読み出すことがあるが，そのディスク版だと思えばよい．

# データベースカフェ

**問 7.1** 二つのトランザクション $T_1$, $T_2$ が関係表 $X$, 関係表 $Y$ を同時処理する．$T_1$, $T_2$ の組合せのうち，可直列実行が保証できるものは，どちらか．

［データベーススペシャリスト試験 1998 年 午前 設問 33 から一部を抜粋，編集］

(1)

| $T_1$ | $T_2$ |
|---|---|
| X に施錠 | X に施錠 |
| X を読み込む | X を読み込む |
| X を変更 | Y に施錠 |
| X を書き出す | Y を読み込む |
| X を解錠 | X を解錠 |
| Y に施錠 | Y を解錠 |
| Y を読み込む | |
| Y を変更 | |
| Y を書き出す | |
| Y を解錠 | |

(2)

| $T_1$ | $T_2$ |
|---|---|
| X に施錠 | X に施錠 |
| X を読み込む | X を読み込む |
| X を変更 | Y に施錠 |
| X を書き出す | Y を読み込む |
| Y に施錠 | X を解錠 |
| Y を読み込む | Y を解錠 |
| Y を変更 | |
| Y を書き出す | |
| X を解錠 | |
| Y を解錠 | |

**問 7.2** 次の用語の意味を簡単に説明せよ．

(1) 汚染データの読込み

(2) 繰り返すと異なる結果を生む読込み

(3) 存在しないデータの読込み

**問 7.3** RAID-1 から RAID-5 を次の指標によって分類せよ．

(1) 実現するために必要な記憶容量が 2 倍になる方式

(2) 誤り訂正符号を構成する分だけ，余分に記憶容量が必要になる方式

(3) 誤り検出符号の分だけ，余分に記憶容量が必要になる方式
(4) 参加する全てのモジュールの一体動作（同時に読み書きする）を必要とする方式
(5) 参加するそれぞれのモジュールが独立して読み書きできる方式

**問 7.4** RAID-1 はミラーリングとも呼ばれて，同じ内容を二つのモジュールに書き出す．システム全体の実記憶容量は半分になるが，どちらかのモジュールが故障しても，もう一方のモジュールを使って作業を続けながら，壊れたモジュールの修理が可能である．しかし，この方式は，メディアの障害には有効であるが，ファイルの保護には不十分である．その理由を答えよ．

# あとがきにかえて
# 持続可能なデータベースを目指して

デジタルコンピュータの歴史と文明が始まってから約 70 年になる．デジタル情報の寿命は短く，それを中心とする社会の文化は 100 年もしないうちに消滅するという恐れが指摘されている．石に刻まれて今に伝わるエジプト文明からは 5000 年ほどたっているから，100 年というのはいかにも短いように感じる．例えばわが国で，1980 年代後半からパソコンが普及する一つのきっかけになった国産のワープロは，会社，大学，役所など国内のあらゆる組織体に普及して，大量の日本語文書をフロッピーディスク上に記録してきたはずであるが，今あれはどこにあるのだろうか．行方が知れないのは，フロッピーディスクが使われなくなったからだとは言い切れないものがある．

デジタル情報が突然消滅しないためには，永久に情報を記録保存できる媒体や実質的に消滅しない方式の研究開発が重要であり，その研究はすでに始まっている．しかし,「永久」という言葉は重い．寺田寅彦は 1934 年に書いた「天災と国防」のなかで,「いつも忘れがちな重要な要項がある．それは，文明が進めば進むほど天然の暴威による災害がその激烈の度をなすという事実である．」と喝破している．

情報技術者としては，永久記憶媒体の完成を待っているだけというわけにもいかないので，なんとかデータベースの安全を確保して，突然消滅したりしないようにしなければならない．現状でできることは限られていて，いずれもバックアップ（複製）を作ることを基本にしている．バックアップは冗長な情報であるが，障害回復に大切な役割を果たす．だから，障害回復技術の現状は，バックアップをいかに素早く，安価に作成するか，そのためには全体をバックアップするか，一部分でよいか，バックアップをしながら本来の業務は止まらないようにできないかといったこと努力に集中している．それも，一重の障害発生にどう対応するかという枠にほぼ限られていて，たとえばRAID方式でも，複数の障害が同時に発生したり，一つの障害から復旧している途中で次の障害が発生したりするところまでは，なかなか対応できていない．デジタル記憶媒体の障害の先にある，情報システム全体の障害にしても，そこから回復するための重要な手段は，今は適切なバックアップの作成以外には考えられない．

安全なデータベースを実現するには，たいへん煩わしい努力が必要になる．しかし，永続するという困難な野望に挑戦することと平行して，「持続可能なデータベース」を探求していくことも，実際的で有効な目標のように感じられる．それが私たちの文化や歴史を持続可能にする基本的で重要な第一歩でもある．本書がそのような目的を読者とともに考える一助になれば幸いである．

# データベースカフェの解答

## 第1章

**解 1.1** ファイル．本文 **1.1**～ **1.3** を参照せよ．

**解 1.2** コンピュータの物理的な面を捨象して，抽象的にいえば，たいてい「ファイル」で済むという趣旨である．大まかにいえば適切な文章であるが，細かい点を指摘すると，「ファイルが大きければ，例えば1枚の大きい表は大きいからといって，それだけでデータベースといえるか．1群のファイルがあるとして，互いになんのつながりもなければ，それはデータベースといえるか」ということを考えておかなければならない．

**解 1.3** (1)，(5) は概念スキーマ，(2)，(6) は外部スキーマ，(3)，(4) は内部スキーマ．もちろん一人だけで，あるいは少人数のグループで全てを担当することもある．

## 第2章

**解 2.1** 以下の表で一例を示す．

| 作家名 | 作品名 |
|---|---|
| 鴎外 | 高瀬舟 |
| 鴎外 | 雁 |
| 漱石 | 坊っちゃん |
| 漱石 | 心 |
| 漱石 | 明暗 |

**解 2.2** 表を作るときには，なにかの識別情報（氏名，番号など）を中心にして，その属性になる情報（住所，出身地，主要作品など）を同じ表にまとめていくという方法が考えられる．世の中の全体を大きな一つの表にまとめてしまうと，多数の値を決められないもので，空白欄の多い表になりそうである．そうかといって，細かい表をたくさん作ってしまうと，これはこれで複数の表に細分化してしまった情報を相互でつなぎ合わせるのに困ってしまう．複数の関係表を一つにまとめる演算は3章で取り上げる．また4章にある関数従属性や多値従属性が関係表をまとめる重要な手がかりである．

## 第3章

**解 3.1** (a)〜(b) の解答は以下の通り．

(a) 二つの関係表の行の全ての組合せからなる関係表を作る

(b) 一つの関係表から一部の列を抜き出した関係表を作る

(c) 複数の関係表の各行を比較して，条件を満たす行をつなぎ合わせた行からなる関係表を作る

(d) 二つの関係表の各行をつなぎ合わせて新しい行を作り，その全てを一つの関係表にする

**解 3.2** (d)，(e)，(f)，(g)

**解 3.3**

| 社員 | 部門 | 責任者 |
|---|---|---|
| 佐藤悠真 | 研究 | 田中正定 |
| 鈴木結菜 | 経理 | 高橋清 |

**解 3.4** ((商品〔商品番号＝商品番号〕納入)〔顧客番号＝顧客番号〕納入))〔商品名，顧客名〕

## 第 4 章

**解 4.1** 正規形は，第 $n$ 正規形であることを前提として，第 $n+1$ 正規形と定義されている．出発点は（a）の第 1 正規形である．（b）は第 2 正規形，（c）は第 3 正規形になる．厳密に言えば，（c）の条件だけでは，第 3 正規形かどうかは明確でないが，「(a）であり，かつ（b）であれば，（c）は第 3 正規形である.」が解答となる．

**解 4.2**

| | (a) 関係表の数 | (b) 列の総数 | (c) 要素の個数 | (d) 更新の手間 |
|---|---|---|---|---|
| 図 4.2 | 1 | 8 | 56 | 大 |
| 図 4.3 | 4 | 11 | 52 | 最小 |

関係表の枚数が増加し，列の数も増えた．要素数はほぼ同じである．学生の住所の変更の手間は，正規化すると最小（図 4.1 では，その学生が受講している科目数だけ，変更する必要があるが，図 4.3 では 1 か所だけ）になる．

**解 4.3** キーを構成する {小売店名，商品名} のうち，商品名列について，商品名 → 単価という関数従属性がある．単価は，{小売店名，商品名} に完全関数従属でないから，第 2 正規形でない．

**解 4.4** (1)～(3) の解答は以下の通り．

(1) 業者番号 → {業者名，本社所在地}
部品番号 → {部品名，仕様}
{業者番号，部品番号} → 納入数量

(2) {業者番号，部品番号}

(3) 納入業者表：{業者番号，業者名，本社所在地}
部品表：{部品番号，部品名，仕様}
納入表：{業者番号，部品番号，納入数量}

**解 4.5** まず関数従属性と多値従属性とを列挙する．

作家名 → {生年，没年，出身地}
作家名→ → URL（これは，自明な多値従属性である）

よって，次の二つの関係表に分割すればよい．

作家基礎データ：{作家名，生年，没年，出身地}
作家の URL：{作家名，URL}

**解 4.6** (1)～(2) の解答は以下の通り．

(1) 例えば，ある学部の所在地に変更が起きると，学生表のなかの所在地列をたくさん変更しなければならない．

(2) 学生表 {学生番号，所属学部}
学部表 {所属学部，所在地}
科目表 {科目番号，科目名}
成績表 {学生番号，科目番号，成績}

## 第 5 章

**解 5** 同姓同名の学生や同じ名前の科目（例えば，英語）が複数ありうるので，視野表の学生名や科目名を基底表の学生名や科目名に正しく対応させることができない．

## 第 6 章

**解 6.1** (1) $k+1$ (2) 2 (3) 1 (4) $h+1$ (5) $(k+1)\times(k+1)$ あるいは $(k+1)^2$ (6) $(k+1)^h$ (7) $N$ (8) 対数 (9) 比例

**解 6.2** 枝の本数の条件から，これは$k=1$のB木で，一つの節点には，キー値を含むレコードを1個か2個格納できるだけである．以下簡単のために，キー値を含むレコード全体をキー値で表現し，枝の位置なども簡略に示しており，キー値を一つだけ格納した節点（もう一つ格納可能な節点）は小さい四角で示す．さて，キー値は奇数の列である．最初の根節点に1，3が格納され，次の5が来ると根節点があふれて，1を含む節点，3を含む節点（新しい根節点），そして5を含む節点に分裂する．7が来ると，根節点に格納される．次の9が来るとまた根節点があふれて，1を含む節点，7を含む節点（新しい根節点），そして9を含む節点に分裂する．

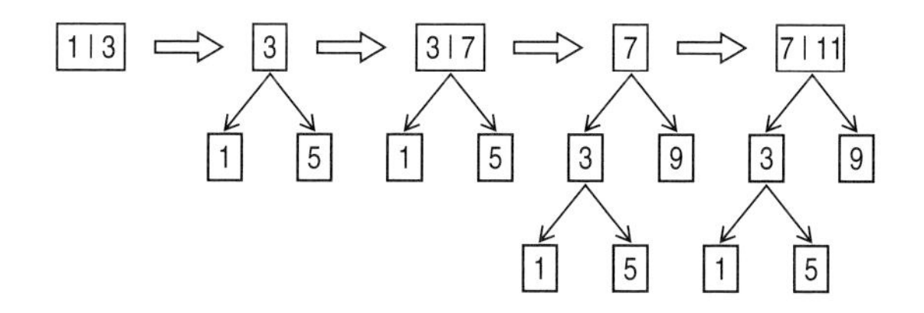


以下同様である．根節点のほかは，全ての節点がキー値を一つだけしか含まないままで，木が生長していく．これは，キー値が整列して与えられるためである．ただ，節点の利用効率は，50%以上を確保している．同じキー値の集まりでも，順不同に与えられるとこうはならない．次の問6.3も同じである．

**解 6.3** 実際に値を書き込んでみるとわかるが，それぞれの節点を半分ずつ埋めながら，木がB木の条件を満たしながら生長する．同じキー値のレコードが連続していても，同じことである．

## 第7章

**解 7.1** $T_1$，$T_2$がともに2層施錠の規約を満たしているのは（2）であり，（2）は可直列実行が保障されている．（1）の$T_1$は，施錠の層と解錠の層が入り交じっており，2相施錠の規約を満たしていないので，(1) の $T_2$ が2相施錠であっても，(1) 全体は可直列実行が保障されていない．

**解 7.2** (1)～(3) の解答は以下の通り．

(1) 二つのトランザクション $T_1$ と $T_2$ とがあって，$T_1$ が変更した行を $T_2$ が読み込み，そのあと $T_1$ の実行が取り消されたとする．$T_1$ による変更はなくなったが，$T_2$ は変更が取り消されたはずの汚染データを読んだことになる．

(2) $T_2$ が $T_1$ の行 $X$ を読むとする．一度 $T_2$ に読ませた行 $X$ を $T_1$ が変更し，その後 $T_2$ が再度同じ行 $X$ を読むと，2度読んだデータが異なる内容になる．これを防ぐためには，$T_1$ は自分が変更する行はほかのトランザクションに読むことを許してはならない．

(3) (2) とは逆に，$T_1$ が同じ行を2回読んだら，その間に $T_2$ が行を変更してしまっていて，別の値を読む恐れがある．これは汚染データの読込みとして知られる現象である．$T_2$ が行を変更するのではなくて，行そのものを削除してしまうと，$T_1$ は存在しない行を読み込んでしまうことになり，これを幻データ（phantom data）の読込みという．これを防ぐためには，$T_1$ は，自分が読むだけの行でも，ほかのトランザクションが変更することを許してはならない．

**解 7.3** (1) RAID-1　(2) RAID-2　(3) RAID-3　(4) RAID-2，RAID-3　(5) RAID-1，RAID-5

**解 7.4** 操作ミス，ソフトウェアの誤動作，悪意のあるソフトウェアなどにより，一方のモジュールの内容が消えると，もう一方のモジュールの内容も自動的に消えていく．あるファイルを削除すると，もう一方のモジュールのファイルも消えるため．

# 参考文献

## さらに深く勉強するための参考書

英語の勉強もかねて，もっと深く勉強したい人のための英語の定番入門書.

〔C. J. Date〕C. J. Date：An Introduction to Data base Systems, Addison Wesley（1978）初版刊行 1978 年．1995 年には第 6 版，2 巻構成になった．2018 年現在第 8 版．日本語訳『データベースシステム概論』（藤原　譲　訳）が刊行されている.

〔SilberschatsKS〕A. Silberschatz, H. F. Korth and S. Sudarshan：Database System Consepts, Third Edition, McGraw-Hill Education（1997）

## 参考文献

個別に記載していないが，〔Codd, 1970〕を始め，多くの論文が ACM Digital Library から購入可能である.

〔ANSI/SPARC, 1975〕ANSI/X3/SPARC：Study Group on Data Base Management Systems, Interim Report 75-02-08, ACM FDT SIGMOD, Vol. 7, No. 2（1975）

〔Armstrong, 1974〕W. W. Armstrong：Dependency Structures of Database Relationships, Proc. IFIP Congress, pp. 580-583（1974）

〔BayerMcCreight, 1972〕R. Bayer and E. M. McCreight：Organaization and Maintenance of Large Ordered Indexes, Acta Informatica, Vol. 1, No. 3, pp. 173-

189 (1972)
[BerriFH, 1977] C. Berri, R. Fagin and J. H. Howard：A Complete Axiomatization for Functional and Multivalued Dependencies in Database Relationss, Proc. ACM SIGMOD Conf., pp. 47-61 (1977)
[BittonGray, 1988] D. Bitton and J. Gray：Disk Shadowing, Proc. 14th Int. Conf. VLDB, pp. 331-338 (1988)
[Chen, 1976] P. P-S. Chen：The Entity-Relationship Model — Toward a Unified View of Data, ACM Trans. Database Syst., Vol. 1, No. 1, pp. 9-36 (1976)
[Codd, 1970] E. F. Codd：A Relational Model of Data for Large Shared Data Banks, Comm. ACM, Vol. 13, No. 6 (1970)
[Codd, 1972a] E. F. Codd：Further Normalization of the Database Ralational Model, Prentice-Hall, pp. 33-64 (1971)
[Codd, 1972b] E. F. Codd：Relational Completeness of Database Sublanguages, Prentice-Hall, pp. 65-98 (1972)
[EswaranGLT, 1976] K. P. Eswaran, J. N. Gray, R. A. Lorie and I. L. Traiger：The Notions of Consistency and Predicate Locks in a Database System, Comm. ACM, Vol. 19, No. 11, pp. 624-633 (1976)
[Fagin, 1977] R. Fagin：Multivalued Dependencies and a New Normal Form for Relational Databases, ACM Trans. Database Syst., Vol. 2, No. 3, pp. 262-278 (1977)
[FaginNPS, 1979] R. Fagin, J. Nievergelt, N. Pippenger and H. R. Strong：Extendible Hashing — A Fast Access Method for Dynamic Files, ACM Trans. Database Syst., Vol. 4, No. 3, pp. 315-344 (1979)
[Fagin, 1979] R. Fagin：Normal Forms and Relational Database Operators, Proc. 1979 ACM SIGMOD Int. Conf. Management of Data, pp. 153-160 (1979)
[Fauer, 2009] アダム・ファウアー（著），矢口　誠（訳）：数学的にありえない〈上〉〈下〉，文藝春秋（2009）
[JIS SQL 1987〜] 日本工業規格データベース言語 SQL JIS X3005-＊＊＊＊（ISO/IEC 9075-＊＊＊＊）

＊＊＊＊には西暦の年度が入る．最初の国際規格は1987年，日本工業規格も同年に制定された．JIS X 3005-1995の印刷版がすでに500ページを超える大冊であった．現在は分冊形式で，2018年現在，なお改訂が進行中である．国際規格であるISO/IEC版の表題は，“Information technology-Database languages-SQL”である

［GriffithWade, 1976］ P. P. Griffiths and B. W. Wade：An Authorization Mechanism for a Relational Database Systeems, ACM TODS, Vol. 1, No. 3（1976）

［Kitagawa, 1996］ 北川博之：データベースシステム，昭晃堂（1996），オーム社（2014）

［Knuth, 2006］ D. E. Knuth：The Art of Computer Programming Vol. 3 Sorting and Searching, Second Edition, Addison Wesley Professional（1998）
邦訳も同じ書名で「日本語版」というロゴがある．有澤誠，和田英一監訳，株式会社アスキーから2006年に刊行．［Knuth, 1973］は原著初版.

［Larson, 1978］ P-Åke Larson：Dynamic Hashing, BIT Numerical Mathematics, Vol. 18, Issue 2, pp 184-201（1978）

［Litwin, 1980］ W. Litwin：Linear Hashing — A New tool for File and Table Addressing, Proc. 4th Int. Conf. VLDB, pp. 212-223（1980）

［Nicolas, 1978］ J-M. Nicolas：Mutual dependencies and some results on undecomposable relations, Proc. 4th Int. Conf. VLDB, pp. 360-367（1978）

［PattersonGK, 1988］ D. Patterson, G. Gibson and R. Kats：A Case for Redundant Arrays of Inexpensive Disks（RAID）, Proc. 1988 ACM SIGMOD Int. Conf. Management of Data, pp. 109-116（1988）

［Sheffer, 1913］ H. M. Sheffer：A Set of Five Independent Postulates for Boolean Algebras with Application to Logical Constants, Trans. Amer. Math Soc., Vol. 14, No. 4, pp. 481-488（1913）

［Smith, 1978］ J. M. Smith：A Normal Form for Abstract Syntax, Proc. 4th Int. Conf. VLDB, pp. 156-162（1978）

［Ullman, 1988］ J. D. Ullman：Principles of Database and Knowledge-Base Systems Vol. 1, Computer Science Press（1988）

# 索引

## ギリシャ



## 数字



## 英字

## あ　行



## か　行

## さ　行

## た　行

## や　行



## ら　行



## わ　行

〈著者略歴〉

植 村 俊 亮（うえむら しゅんすけ）

1966 年　京都大学大学院工学研究科修士課程修了，電子技術総合研究所
1975 年　京都大学工学博士
1988 年　東京農工大学教授
1993 年　奈良先端科学技術大学院大学教授
2007 年　奈良産業大学教授
現　在　奈良先端科学技術大学院大学名誉教授，IEEE Life Fellow，電子情報通信学会フェロー，情報処理学会フェロー

入門 データベース

平成 30 年 11 月 5 日　　第 1 版第 1 刷発行

著　　者　植 村 俊 亮
発 行 者　村 上 和 夫
発 行 所　株式会社 オ ー ム 社
郵便番号　101-8460
東京都千代田区神田錦町 3-1
電 話　03(3233)0641(代表)
URL　https://www.ohmsha.co.jp/



印刷・製本　三美印刷
ISBN978-4-274-22292-4　Printed in Japan